QUESTION BANK OF POWER OIL AND GAS IN DETERMINATION AND SUPERVISION MANAGEMENT

电力用油气检测及监督管理题库

华电电力科学研究院有限公司 组编

中国电力出版社
CHINA ELECTRIC POWER PRESS

内 容 提 要

本书涵盖了电力系统常用变压器油、涡轮机油、抗燃油、齿轮油、辅机用油、六氟化硫气体和天然气的基础知识、分析检测、技术监督和维护管理及油气处理等方面，设置了单选、多选、判断、填空、问答五类题型。

本书通过对当前发电企业在技术监督、大修检查、生产运行过程中发生的共性问题归纳总结，使所选试题具有代表性、实用性，紧贴一线生产运行。本书可供油气检测人员参考使用，可作为发电企业技能大赛和岗前培训教材。

图书在版编目（CIP）数据

电力用油气检测及监督管理题库 / 华电电力科学研究院有限公司组编. —北京：中国电力出版社，2020.1
ISBN 978-7-5198-4242-0

Ⅰ.①电… Ⅱ.①华… Ⅲ.①电力系统－润滑油－技术培训－习题集②电力系统－液体绝缘材料－技术培训－习题集③电力系统－气体绝缘材料－技术培训－习题集 Ⅳ.① TE626.3-44

中国版本图书馆 CIP 数据核字（2020）第 022982 号

出版发行：中国电力出版社
地　　址：北京市东城区北京站西街 19 号（邮政编码 100005）
网　　址：http：//www.cepp.sgcc.com.cn
责任编辑：赵鸣志（010-63412385）
责任校对：黄　蓓　李　楠
装帧设计：赵丽媛
责任印制：吴　迪

印　刷：北京天宇星印刷厂
版　次：2020 年 3 月第一版
印　次：2020 年 3 月北京第一次印刷
开　本：880 毫米 ×1230 毫米 32 开本
印　张：6.5
字　数：170 千字
印　数：0001—1500 册
定　价：30.00 元

《电力用油气检测及监督管理题库》

编委会

主　　编　李元斌

副 主 编　刘伟伟　姬海宏

参编人员　刘　金　张　超　冯蜜佳　徐　展

朱玉华　胡　鑫　张　耀　柏　杨

王涛英　邓庆德　周　璇　王　贺

前言

Preface

电力用油、气包括汽轮机、燃气轮机、水轮机、发电机、变压器、互感器、断路器、齿轮箱及相关辅机等电力设备所用的油品、六氟化硫气体和天然气，涉及电气设备、发电设备、风电设备制造等领域。近年来，随着新能源发电的快速增长，电力用油、气在发电系统中的重要性越加明显，传统电厂化学监督以水汽监督为主的格局也开始发生变化。

2005 年以来，国家标准化管理委员会、电力行业及石油化工行业标准机构等对油气近 50 个相关标准进行了较大幅度的修订，相关管理导则、检测方法、验收标准都不同程度地进行了更新。但电力用油、气技术培训考核题库相对较少，且出版时间较早，已无法满足现阶段随着机组容量提升、新能源发电增多带来的理论知识更新、检测技术提升、监督管理方式改变等多方面发展的要求。为提高油、气监督检测技术的水平和从事油、气分析工作人员的专业素质，培养检测人员运用理论知识解决实际问题的能力，华电电力科学研究院综合生产现场油气监督和管理的特点，以目前最新的标准为依据，结合实验室检测实践经验及研究成果，组织编写本书。

本书结合现场监督管理与实验室检测工作，精心选择具有代表性、实用性的内容，涵盖了检测基础知识、药品管理、药品配置、气体管理及常识、实验室安全管理及应急处理、试验数据处理、电力用油气性能、检测方法原理、检测仪器使用要点、实验室检测技术要点、油气技术监督管理要点、设备维护及常见故障处理、油气储运及安全防护、试验器皿使用规范等内容，可作为油、气检测人员专业技能培训及水平测试的参考资料。

由于编写人员水平及编写时间所限，书中疏漏之处在所难免，敬请读者批评指正。

编者

2019年9月

目 录

Contents

一、单选题

各题只有一个正确答案，请将正确答案填在括号内。

1. 以下不属于系统误差的是（D）。
   （A）方法误差　　（B）仪器误差
   （C）试剂误差　　（D）过失误差

2. 以下不属于仪器误差的是（C）。
   （A）砝码未校准
   （B）分析天平两臂不相等
   （C）环境温度的变化
   （D）量筒未校准

3. 试验过程中，通过（B）主要可以检查试剂和器皿所引入的系统误差。
   （A）对照试验　　（B）空白试验
   （C）回收试验　　（D）增加试验次数

4. 分析过程中由于称量时试样吸收空气中水分或砝码腐蚀所产生的误差为（A）。
   （A）系统误差　　（B）偶然误差　　（C）过失误差

5. 为了提高分析结果准确度，必须（A）。
   （A）消除系统误差　　（B）增加测定次数
   （C）多人重复　　（D）增加样品量

6. 在滴定分析中，若怀疑试剂已失效，可通过（C）方法进行验证。
（A）仪器校正　　（B）对照分析
（C）空白实验　　（D）多次测定

7. 可用（D）方法减小测定过程中的偶然误差。
（A）对照试验　　（B）空白试验
（C）仪器校验　　（D）增加平行试验的次数

8. 滴定分析操作中出现下列情况，不会导致系统误差的是（B）。
（A）滴定管未经校准　　（B）滴定时有溶液溅出
（C）指示剂选择不当　　（D）试剂中含有干扰离子

9. 测得值与真实值之间的差称为（A）。
（A）绝对误差　　（B）相对误差
（C）偶然误差　　（D）系统误差

10. 一组分析结果的精密度好，但准确度不好，是由于（C）。
（A）操作失误　　（B）记录错误
（C）试剂失效　　（D）随机误差大

11. 下列属于系统误差的是（A）。
（A）砝码腐蚀　　（B）天平零点改变
（C）气流波动　　（D）温度变化

12. 平行试验是为了消除（A）。
（A）偶然误差　　（B）仪器和试剂误差
（C）操作误差　　（D）方法误差

13. 误差越小，分析结果（B）越高。

（A）精密度　　（B）准确度　　（C）精确度

14. 仪表分析的准确度，就是仪表指示值接近（C）的准确程度。

（A）测量值　　（B）标准表示值　　（C）被测量真实值

15. 某种天平称量 5.0g 的物质，称量结果为 4.8g，则此次称量的相对误差为（A）%。

（A）4　　（B）4.3　　（C）5

16. 滴定管的准确度分 A、B 两级。A 级的容量（B）仅为 B 级的 1/2。

（A）误差　　（B）偏差

（C）允许差　　（D）方差

17. 用元素符号表示物质分子组成的式子叫（B）。

（A）化学式　　（B）分子式

（C）方程式　　（D）化合物

18. 烯烃的通式是（B）。

（A）C_nH_{2n-2}　　（B）C_nH_{2n}　　（C）C_nH_{2n+2}

19. 化学性质最活泼的烃类是（A）烃。

（A）炔　　（B）烯　　（C）烷

20. 在下列烃类中，化学稳定性最差的是（D）。

（A）烷烃　（B）芳香烃　（C）环烷烃　（D）不饱和烃

21. 以下气体属于气态烃的是（C）。

（A）H_2　（B）O_2　（C）CH_4　（D）CO

22. 烷烃、烯烃、炔烃，按其化学性质中的活泼排列，其顺序是（A）。

（A）$C_nH_{2n+2} < C_nH_{2n} < C_nH_{2n-2}$

（B）$C_nH_{2n-2} < C_nH_{2n+2} < C_nH_{2n}$

（C）$C_nH_{2n} < C_nH_{2n-2} < C_nH_{2n+2}$

23. 在下列烃类化合物中，抗氧化能力最强的是（B）。

（A）环烷烃　（B）芳香烃　（C）烷烃　（D）烯烃

24. 在变压器油中，下列三种烃类苯胺点从低到高的顺序是（A）。

（A）芳香烃、环烷烃、烷烃

（B）烷烃、芳香烃、环烷烃

（C）芳香烃、烷烃、环烷烃

（D）烷烃、环烷烃、芳香烃

25. 变压器油中含量最多的烃类组分是（B）。

（A）烷烃　（B）环烷烃

（C）芳香烃　（D）不饱和烃

26. 在变压器油中，下列烃类化合物抗氧化能力的正确顺序是（A）。

（A）芳香烃＞环烷烃＞烷烃

（B）烷烃＞芳香烃＞环烷烃

（C）芳香烃＞环烷烃＞烷烃

（D）烷烃＞环烷烃＞芳香烃

27. 天平的灵敏度通常是指在天平的一个托盘上增加（A）质量时引起的指针偏转的程度。

（A）1mg （B）10mg （C）1g （D）1μg

28. 下列各数中，有三位有效数字的是（A）。

（A）10.0 （B）10.00 （C）0.01 （D）0.10

29. 按照有效数字的规则，28.5+3.74+0.145 应等于（D）。

（A）32.385 （B）32.38 （C）2.39 （D）32.3

30. 氢气的导热系数是（D）W/（m · K）。

（A）0.01 （B）0.1 （C）0.02 （D）0.17

31. 氢氧化钠溶液应装在用（B）塞的瓶内。

（A）玻璃 （B）橡胶 （C）软木

32. pH 值是溶液中氢离子（C）的负对数。

（A）质量浓度 （B）浓度 （C）活度

33. 溶液的 pH 值每相差一个单位，相当于溶液中的氢离子浓度相差（A）倍。

（A）10 （B）5 （C）1 （D）2

34. 酸碱指示剂的颜色随溶液的（C）的变化而变化。

（A）电导率 （B）浓度 （C）pH 值 （D）温度

35. 化学分析中的滴定终点是指滴定过程中（A）改变的点。

（A）指示剂颜色 （B）pH 值

（C）溶液浓度 （D）溶液电位

36. 快速定量滤纸适用于过滤（A）沉淀。

（A）非晶形 （B）粗晶形 （C）细晶形 （D）无定形

37. 石油主要由（C）两种元素组成。

（A）碳和氧 （B）碳和氮 （C）碳和氢 （D）氢和氮

38. 组成石油的各元素中，碳含量约为（A）。

（A）84% ~ 85% （B）12% ~ 14%

（C）1%左右 （D）不含有

39. 下列不能相邻储放的两种（类）药品是（B）。

（A）盐酸和硫酸 （B）氧化剂和还原剂

（C）氢氧化钠和碳酸钠 （D）四氯化碳和石油醚

40. 化学分析中，测定物质中有关组分含量的分析，称为（C）分析。

（A）结构 （B）定性 （C）定量 （D）滴定

41. 常用酸、碱指示剂一般是弱的（A）。

（A）有机酸或有机碱 （B）无机酸或无机碱

（C）有机酸 （D）无机碱

42. 当选用强碱滴定弱酸时，应选用（A）指示剂。

（A）酚酞 （B）甲基橙

（C）甲基红 （D）百里酚酞

43. 氢气瓶的颜色是（A）。

（A）绿色 （B）黑色 （C）白色 （D）蓝色

44. 氧气瓶的颜色是（D）。
（A）绿色　（B）黑色　（C）白色　（D）蓝色

45. 氮气瓶的颜色是（B）。
（A）红色　（B）黑色　（C）白色　（D）蓝色

46. 在下列颜色中，不是安全色的颜色是（D）。
（A）绿色　（B）黄色　（C）蓝色　（D）紫色

47. 可以用来直接配制标准溶液或标定未知溶液浓度的物质是（B）。
（A）标准物质　（B）基准物质
（C）标准溶液　（D）化学试剂

48. 在油质分析中应使用哪种试剂（B）。
（A）保证试剂　（B）分析试剂　（C）化学纯试剂

49. 配制所有试剂时都应用不含（A）的除盐水。
（A）二氧化碳　（B）二氧化硅　（C）二氧化硫

50. 从峰顶点到峰底的距离称为（A）。
（A）峰高　（B）峰宽　（C）半峰宽　（D）峰面积

51. 若发现有人触电，应立即（B）。
（A）对触电者进行人工呼吸
（B）切断电源
（C）胸外心脏挤压
（D）将触电者送往医院

52. 若发现有人一氧化碳中毒，应立即（A）。

（A）将中毒者移离现场至空气新鲜处

（B）将中毒者送往医院

（C）让病人吸氧

（D）拨打120急救电话

53. 触电者心脏停止跳动时，应立即采用（B）方法抢救。

（A）口对口人工呼吸

（B）胸外心脏挤压

（C）打强心针

（D）摇臂压胸

54. 下列不适合用于电气设备着火的灭火器类型为（B）。

（A）二氧化碳　　（B）泡沫

（C）四氯化碳　　（D）1211

55. 泡沫灭火器扑救（A）火灾效果最好。

（A）油类　　（B）化学药品

（C）可燃气体　　（D）电气设备

56. 下列适宜扑救600V以下带电设备火灾的灭火器类型是（C）。

（A）泡沫　　（B）二氧化碳

（C）干粉　　（D）1211

57. 下列适宜用于大型浮顶油罐和大型变压器灭火的灭火器类型是（D）。

（A）泡沫　　（B）二氧化碳

（C）干粉　　（D）1211

58. 变压器着火时，应选用（C）进行灭火。

（A）四氯化碳灭火器　（B）水

（C）干粉灭火器　（D）泡沫灭火器

59. 当浓酸溅到皮肤上时，应用（B）冲洗，再用 0.5% 的碳酸氢钠溶液清洗，而后立即送医院急救。

（A）少量的清水　（B）大量的清水

（C）适量的清水　（D）直接用稀碱中和

60. 下列物质中，耐强酸、强碱、强氧化剂的材料是（D）。

（A）硬聚氯乙烯塑料　（B）玻璃钢

（C）橡胶　（D）聚四氟乙烯

61. 当水银温度计破碎后，正确的做法是（C）。

（A）用手清理　（B）把水银清理倒入地沟

（C）在水银上撒硫磺粉　（D）置之不理

62. 在没有脚手架或者没有栏杆的脚手架上工作，高度超过（B）m 必须使用安全带。

（A）1　（B）1.5　（C）2　（D）2.5

63. 在梯子上工作时，梯子与地面的斜角度应为（C）左右。

（A）30°　（B）45°　（C）60°　（D）65°

64. 油库、油处理站的设计必须符合（B）的有关要求。

（A）环境保护

（B）消防与工业卫生

（C）安全方面

（D）消防规程

65. 在使用有挥发性的药品时，必须在（B）进行，并远离火源。

（A）室外　　　　（B）通风橱内

（C）化验室内　　（D）通风处

66. 在开启苛性碱桶及溶解苛性碱时均需戴（D）。

（A）普通手套、口罩、眼镜

（B）口罩、眼镜

（C）手套、眼镜

（D）橡皮手套、口罩、眼镜

67. 下列可用于直接加热的仪器是（B）。

（A）锥形瓶　（B）坩锅　（C）烧杯　（D）容量瓶

68. 下列不能加热的玻璃器皿是（C）。

（A）锥形瓶　（B）试管　（C）称量瓶　（D）燃烧皿

69. 在下列物质中介电常数最高的是（B）。

（A）空气　（B）纯水　（C）矿物油　（D）纸

70. 压力的法定计量单位是（B）。

（A）大气压（atm）

（B）帕（Pa）

（C）毫米汞柱（mmHg）

（D）千克力每平方厘米（kgf/cm^2）

71. 氧气压力表每（C）应经计量机关检定一次以保证指示正确和操作安全。

（A）半年　（B）1年　（C）2年　（D）3年

72. 变压器的额定容量单位是（A）。

（A）VA 或 kVA （B）V 或 kV

（C）A 或 kA （D）kWh 或 MWh

73. 绝缘强度用（A）表示。

（A）kV/cm （B）kV （C）kV/cm^2

74. 220kV 的电气设备，在不停电情况下工作时，其安全距离为（C）m。

（A）1 （B）1.5 （C）3.0 （D）3.5

75. 下面玻璃量器中属于量入式量器的是（D）。

（A）滴定管 （B）吸管 （C）量筒 （D）容量瓶

76. 下列属于量器类的玻璃仪器是（C）。

（A）锥形瓶 （B）一般试管

（C）滴定管 （D）烧杯

77. 在用标称为 5.0mL 的移液管取溶液时正确的排液方法是（C）。

（A）用嘴吹气加压排液

（B）移液管垂直，让其自然流出

（C）让移液管尖端按规定等待时间顺沿流出

（D）任意流出

78. 抗燃油取样容器为（A）mL 的磨口具塞玻璃瓶。

（A）500 ~ 1000 （B）250 ~ 500

（C）1000 ~ 2000 （D）150 ~ 250

79. 下列溶液中，（C）不适合用碱式滴定管盛装。

（A）氢氧化钠　（B）氯化钠

（C）硝酸银　（D）硫酸钡

80. 天平必须按规定时间由（A）进行检定。

（A）专业人员　（B）仪器负责人

（C）热工人员　（D）化验员

81. 玻璃器皿内壁洗净的标准是（D）。

（A）无污点　（B）无油渍

（C）透明　（D）均匀、润湿、无水珠

82. 在对标准溶液进行标定时，应进行8次平行试验，当标定的相对偏差不大于（B）时，取平均值计算其浓度。

（A）0.3%　（B）0.4%　（C）0.5%　（D）1.0%

83. 下列量器中，不需要校准的是（B）。

（A）高精确度定量分析工作用滴定管

（B）使用多年的量筒、量杯

（C）长期使用受到浸蚀的容量瓶

（D）质量不甚可靠的吸量管

84. 在废油再生中，常作为吸附剂使用的硅胶是（A）。

（A）粗孔硅胶　（B）细孔硅胶

（C）变色硅胶　（D）无要求

85. 最适合单独作为色谱分析中氢气发生器出口干燥剂的是（B）。

（A）活性炭　（B）变色硅胶

（C）分子筛　（D）粒状无水氯化钙

86. 下列不可作为干燥剂的物质是（C）。

（A）变色硅胶　（B）粒状无水氯化钙

（C）氯化钠　（D）浓硫酸

87. 在下列常用吸附剂中，吸附表面积最大的是（C）。

（A）活性白土　（B）硅胶

（C）活性氧化铝　（D）高铝微球

88. 当前变压器的呼吸器内填充的吸湿剂多数是（B）。

（A）$CaCl_2$　（B）硅胶

（C）氧化铝　（D）分子球

89. 凡是在水溶液中或熔化状态下能导电化合物都称为（C）。

（A）化合物

（B）混合物

（C）电解质

（D）电解质溶液

90. 油品酸值电位滴定法随（A）的突变而确定重点。

（A）mV 值　（B）浓度

（C）电导率　（D）mA 值

91. 温度对介质损耗角的影响为（A）。

（A）随温度的升高而增大

（B）随温度的升高而减小

（C）随温度的变化而不发生变化

92. 随油品温度升高而溶解系数减小的气体是（D）。

（A）H_2　（B）O_2　（C）N_2　（D）CO_2

93. 电介质绝缘电阻与温度的关系是（C）。

（A）与温度无关

（B）随温度升高而增大

（C）随温度升高而减少

（D）随温度变化无规律变化

94. 油的黏度受温度的影响，当油温升高时，其黏度（B）。

（A）增大　　（B）减小　　（C）不变

95. 酸值是指中和 1g 试油中的酸性组分需要氢氧化钾的（B）。

（A）毫升数　　（B）毫克数　　（C）克数

96. 在一定条件下油与氧发生化学反应，这种情况下的反应为（B）。

（A）物理反应　　（B）氧化反应　　（C）中和反应

97. 烷烃在空气中燃烧生成二氧化碳和水的反应为（C）。

（A）聚合反应　　（B）裂化反应　　（C）氧化反应

98. 绝缘油在油开关中主要作用为（C）。

（A）绝缘　　（B）冷却　　（C）灭弧

99. 变压器充氮保护所用的氮气纯度不低于（A）。

（A）96%　　（B）95%　　（C）98%

100. 从一批 20 桶变压器油中取样时，按规定应取（A）桶才有足够的代表性。

（A）3　　（B）4　　（C）8　　（D）10

101. 从一批 25 桶变压器油中取样时，按规定应取（B）桶才有足够的代表性。

（A）3　（B）4　（C）8　（D）10

102. 配制溴甲酚绿指示剂时，其 pH 值应调至（C）左右。

（A）4　（B）5　（C）4.5

103. 溴甲酚绿指示剂的颜色在酸性溶液中呈（A）色。

（A）黄色　（B）蓝色　（C）紫色

104. 溴百里香草酚蓝 BTB 指示剂的变色范围在非水溶液中的 pH 值为（B），其颜色是由黄色变为蓝绿色。

（A）4.0 ~ 5.6　（B）8.6 ~ 9.6

（C）3.1 ~ 4.4　（D）8.0 ~ 10.0

105. 酸值测定用的 BTB 指示剂的变色范围在非水溶液中的 pH 值为 8.6 ~ 9.6，其颜色是由黄色变为（B）。

（A）蓝色　（B）蓝绿色

（C）无色　（D）橙红色

106. 油品中的水溶性酸碱指溶于水的（B）。

（A）无机酸、有机酸、高分子有机酸

（B）无机酸、无机碱、低分子有机酸及碱性氮化物

（C）无机酸、有机酸、高级脂肪酸

107. 变压器油水溶性酸测定时，油样加入煮沸过的蒸馏水在 70 ~ 80℃下摇动（D）min。

（A）2　（B）3　（C）4　（D）5

108. 变压器油水溶性酸测定时，通过比色测定的重复性要求两结果 pH 值之差不超过（A）。

（A）0.1　（B）0.2

（C）0.3　（D）0.4

109. 变压器油水溶性酸测定时，通过酸度计测定是采用（A）标准缓冲溶液进行复定位的。

（A）pH 值为 4.0　（B）pH 值为 6.86

（C）pH 值为 9.18　（D）pII 值为 10.01

110. 变压器油水溶性酸测定时，通过酸度计测定的重复性要求两结果 pH 值之差不超过（C）。

（A）0.11　（B）0.21　（C）0.31　（D）0.41

111. 绝缘性能好，电阻率大的油，其电导率（B）。

（A）大　（B）小　（C）不变

112. 测定油品酸值时，配制的氢氧化钾乙醇溶液用（D）标定。

（A）硫酸　（B）盐酸

（C）磷酸　（D）邻苯二甲酸氢钾

113. 油品酸值测定时，氢氧化钾乙醇标准溶液保存不超过（B）。

（A）一个月　（B）三个月

（C）六个月　（D）一年

114. 同一操作者、同一台仪器重复测定变压器油介质损耗因数，两次测定结果差不应超过（B）。

（A）0.0001 加上平均值的 25%

（B）0.0001 加上较大值的 25%

（C）0.001 加上较大值的 25%

（D）0.0001 加上两次测定结果差的 25%

115. 采用色谱法测量六氟化硫中空气、八氟丙烷等气体含量，平行测定样品至少两次，直至相连两次测量结果之差不大于测量结果平均值的（D）。

（A）1%　（B）5%　（C）10%　（D）20%

116. 油中抗氧化剂 T501 的添加量通常为（B）。

（A）0.03% ~ 0.05%

（B）0.3% ~ 0.5%

（C）3% ~ 5%

117. 使用分光光度法测定时，应选择（D）波长才能获得最高灵敏度。

（A）平行光　（B）互补光

（C）紫外光　（D）最大吸收峰

118. 下列不属于分光光度计单色器的组成部分的是（D）。

（A）棱镜　（B）狭缝　（C）光栅　（D）反光镜

119. 在 300nm 波长进行分光光度测定时，应选用（C）比色皿。

（A）硬质玻璃　（B）软质玻璃

（C）石英　（D）透明塑料

120. 用 721 分光光度计测 T501 抗氧化剂含量时，应选用的波长为（B）nm。

（A）680　（B）700　（C）780　（D）800

121. 在变压器油色谱分析中，色谱峰半峰宽单位为（B）。

（A）cm （B）min （C）mV （D）mA

122. 采集样品必须具有（B），这是保证结果真实的先决条件。

（A）多样性 （B）代表性

（C）合法性 （D）合理性

123. 下列项目中，（C）不是常温常压下 SF_6 的物理性质。

（A）无色 （B）无味

（C）有毒 （D）密度比空气大

124. SF_6 的灭弧能力约为空气的（C）倍。

（A）10 （B）30 （C）100 （D）10000

125. 在 SF_6 气体分解产物中，对皮肤、黏膜有强烈刺激作用的气体是（D）。

（A）S_2F_{10} （B）SF_4 （C）S_2F_2 （D）HF

126. 影响 SF_6 气体绝缘性能的最主要因素是（D）。

（A）杂质 （B）毒性 （C）温度 （D）水分

127. 在 SF_6 被电弧分解的产物中，（B）毒性最强，其毒性超过光气。

（A）SF_4 （B）S_2F_{10} （C）S_2F_2 （D）SO_2

128. 在现场进行 SF_6 气体湿度测试时，不常采用的测试方法为（A）。

（A）重量法 （B）电解法 （C）露点法 （D）阻容法

129. SF_6 气体在气瓶内存放（C）以上时，使用时应复检其中的湿度和空气含量。

（A）一个月　（B）三个月
（C）半年　（D）一年

130. SF_6 气体的密度比空气大，约为空气的（B）倍。

（A）3　（B）5　（C）10　（D）15

131. 测 SF_6 气体湿度，钢瓶不同放置形式的测试结果（B）。

（A）一样的　（B）不一样　（C）无法比较

132. 根据石油中所含烃类成分的不同，可以分成（C）类。

（A）1　（B）2　（C）3　（D）4

133. 在石油产品分类中，变压器油、汽轮机油属于（C）类。

（A）F　（B）W　（C）L　（D）S

134. 石油中含有的（D）化合物越多，则油的颜色越深。

（A）烷烃　（B）不饱和烃
（C）环烷烃　（D）非烃化合物

135. 石油产品试验方法的精密度用（B）来表示。

（A）误差　（B）偏差
（C）允许差　（D）极差

136. 闪点在（D）℃以下的液体叫易燃液体。

（A）75　（B）60　（C）50　（D）45

137.“746”防锈剂的化学名称是（B）。

（A）十二烯基磺酸钠

（B）十二烯基丁二酸

（C）2，6–二叔丁基对甲酚

138. 对变压器油油中溶解气体奥斯特瓦尔德系数描述不正确的是（D）。

（A）溶解系数的一种

（B）以体积浓度表示的溶解系数

（C）在 20℃、101.3kPa 平衡时单位体积液体内溶解气体体积数

（D）在 25℃、101.3kPa 平衡时单位体积液体内溶解气体体积数

139. 在下列油品中，对与之接触的密封材料要求最高的油类是（A）。

（A）抗燃油　　（B）变压器油

（C）汽轮机油　　（D）一般润滑油

140. 下列再生方法中，属于化学再生方法的是（D）。

（A）吸附法　　（B）硫酸、白土法

（C）渗滤法　　（D）硫酸再生法

141. 超高压变压器油是一种（C）。

（A）合成烃　　（B）合成液压油

（C）矿物油　　（D）纯净有机物

142. 二甲基硅油是表示一种（B）。

（A）抗氧化剂　　（B）抗泡沫剂

（C）防锈剂　　（D）降凝剂

143. 2，6- 二叔丁基对甲酚（T501）抗氧化剂是烷基酚抗氧化剂中的一种，外观为（A）。

（A）白色粉状晶体　（B）白色粉末
（C）浅黄色颗粒　（D）无色液体

144. 下列气体中，既有毒性又有具有可燃性的是（C）。

（A）O_2　（B）N_2　（C）CO　（D）CO_2

145. 在下列物质中，不属于易燃品的是（D）。

（A）石油醚　（B）正庚烷　（C）氢气　（D）氮气

146. 组成变压器的三个基本部件是：一次绕组、二次绕组、（D）。

（A）油箱　（B）套管
（C）冷却装置　（D）铁心

147. 在电气设备上取油样，应由（A）指定人员操作。

（A）电气专业　（B）化学专业
（C）化验员　（D）运行人员

148. 汽轮机油系统中正常监督试验取油样应从（C）取样。

（A）油箱底部　（B）油箱上部　（C）冷油器

149. 变压器油桶验收试验正常取样点是（C）。

（A）油桶上部　（B）油桶侧部
（C）油桶底部　（D）油桶中部

150. 运行变压器油日常监督试验，应从（A）取样。

（A）油箱底部　（B）油箱中部

（C）冷油器出口　　　　　　（D）回油母管

151. 下列不能滤除油中水分的滤油措施是（C）。

（A）真空滤油　　　　　　（B）离心滤油

（C）精密滤芯滤油　　　　（D）压力滤油

152. 下列能作为气相色谱法的流动相是（A）。

（A）载气　（B）色谱柱　（C）样品气　（D）吸附剂

153. 液相锈蚀试验棒采用几号钢制造（B）。

（A）15 号普通钢

（B）15 号碳素钢

（C）15 号工具钢

154. 防止油质劣化的添加剂有（A）。

（A）T501 抗氧化剂

（B）746 防锈剂

（C）破乳化剂

155. 抗氧化剂 T501 的有效含量，对新油、再生油应分别不低于0.3%、0.5%；对运行油，应不低于（B）。当其含量低于规定值时，应进行补加。

（A）0.1%　　　　　　（B）0.15%

（C）0.2%　　　　　　（D）0.3%。

156. 过热故障按温度高低区分为低温、中温和高温，它们的温度分别为（C）℃。

（A）100 ~ 300℃，300 ~ 700℃，> 700℃

（B）200 ~ 500℃，500 ~ 700℃，> 700℃

（C）150 ~ 300℃，300 ~ 700℃，＞700℃
（D）300 ~ 500℃，500 ~ 700℃，＞700℃

157. 充油电气设备内部故障性质为高于700℃的高温过热，其“三比值”编码为（B）。
（A）0、2、0　（B）0、2、2
（C）1、0、2　（D）0、2、1

158. 下列不属于条件黏度的是（C）。
（A）恩氏黏度　（B）赛氏黏度
（C）动力黏度　（D）雷氏黏度

159. 变压器油在下列设备中，主要起绝缘作用的设备是（C）。
（A）变压器　（B）电抗器
（C）套管　（D）油开关

160. 变压器油在变压器内主要起（A）作用。
（A）冷却和绝缘　（B）灭弧
（C）润滑　（D）密封

161. 多油式断路器中油的主要作用为（D）。
（A）熄灭电弧　（B）相间绝缘
（C）对地绝缘　（D）灭弧及绝缘

162. 电力系统要求绝缘油有良好的物理性质，以下试验项目能反映绝缘油物理性质的是（B）。
（A）水溶性酸或碱　（B）密度
（C）酸值　（D）击穿电压

163. 下列措施中，不是变压器油防劣化措施的是（A）。

（A）添加 T746 防锈剂　（B）安装热虹吸器

（C）隔膜密封　（D）充氮保护

164. 电力系统要求绝缘油有良好的绝缘性能，以下试验项目能反映绝缘油电气性能的是（D）。

（A）水溶性酸或碱　（B）密度

（C）酸值　（D）击穿电压

165. 磷酸酯抗燃油系统的橡胶密封材料一般选用（A）。

（A）氟橡胶　（B）氯丁橡胶

（C）丁晴橡胶　（D）皮革

166. 变压器油牌号分类，根据（B）的不同划分为 10 号、25 号、45 号三种牌号。

（A）运动黏度　（B）凝固点

（C）闪点　（D）倾点

167. 下列不属于变压器油化学特性的性能是（D）。

（A）成分特性　（B）中和值

（C）氧化稳定性　（D）凝固点

168. 下列属于二类标准的运行变压器油是（B）。

（A）满足变压器连续运行的油

（B）能连续运行仅需过滤的油

（C）必须进行再生的油

（D）多项指标不符合标准的油

169. 下列烃类物质中，能改善变压器油油品析气性能的烃类是（A）。

（A）芳香烃 （B）烷烃

（C）环烷烃 （D）杂环烃

170. 油中微量水分测定用的电解液（卡氏试剂）的正确组成是（C）。

（A）吡啶、无水甲醇、二氧化硫

（B）碘、无水甲醇、吡啶

（C）吡啶、二氧化硫、无水甲醇、碘

（D）甲醇、吡啶

171. 运行中变压器油的水分的主要来源是（A）。

（A）吸收空气中的潮气 （B）水解

（C）系统漏气 （D）泄漏

172. 现行变压器油的牌号是根据该油品（A）试验项目划分的。

（A）凝点 （B）闪点 （C）苯胺点 （D）燃点

173. 测定油品 20℃的运动黏度时，黏度计在恒温浴中的恒温时间是（D）min。

（A）15 （B）20 （C）25 （D）10

174. 在破乳化度实验中，测定温度应设置为（A），搅拌时间为（A）。

（A）54℃，5min （B）54℃，3min

（C）56℃，3min （D）56℃，5min

175. 在油品进行再生时，消耗十二烯基丁二酸（T746）添加剂的再生方法是（A）。

（A）碱洗法　　（B）沉降法

（C）离心法　　（D）过滤法

176. 当夏季空气湿度大时，（C）与变压器油中水分变化无关。

（A）补油　　（B）箱盖密封不严

（C）用精密滤芯滤油　　（D）油封干燥剂失效

177. 色谱分析时，分离度 $R=1.5$，意思是（B）。

（A）两峰完全分离

（B）分离程度可达 98%

（C）基本上可完成分离

（D）基本不分离

178. 用碱蓝 6B 法测定油品酸值时，每次滴定从停止回流至滴定完毕所用的时间不得超过（B）min。

（A）1　　（B）3　　（C）5　　（D）8

179. 在做油中酸值测定时，所用的溴百里香草酚蓝（BTB）指示剂的加入量应为（B）mL。

（A）0.1　　（B）0.2　　（C）0.5　　（D）1.0

180. 进行酸值测定煮沸 5min 的目的之一是将油中的（C）用乙醇萃取出来。

（A）无机酸　　（B）无机碱

（C）有机酸　　（D）有机碱

181. 测定酸值应先排除（B）对酸值的干扰。

（A）乙醇　（B）二氧化碳

（C）氧气　（D）氮气

182. 用氢氧化钾测定酸值是（B）滴定。

（A）络合　（B）中和

（C）沉淀　（D）氧化还原

183. 测定变压器油水溶性酸的试验用水必须是（A）。

（A）除盐水　（B）矿泉水

（C）纯净水　（D）自来水

184. 在用闭口杯测定变压器油的闪点时，油品的水分大于（C）时必须脱水。

（A）0.01%　（B）0.02%　（C）0.05%　（D）0.1%

185. 下列项目中，对变压器油绝缘强度影响最大的是（B）。

（A）温度　（B）水分　（C）杂质　（D）炼制精度

186. 恩式黏度计的水值，每（D）月至少校正 1 次。

（A）1 个　（B）2 个　（C）3 个　（D）4 个

187. 进行油品老化试验时，烘箱的温度应控制在（B）。

（A）110℃　（B）115℃　（C）120℃　（D）100℃

188. 测定油品水溶性酸的指示剂“BTB”，配制完成后，最终 pH 值是（B）。

（A）5.5　（B）5.0　（C）4.5　（D）4.0

189. 在绝缘强度测定中，油品注满油杯后，必须静置（C）min，方可升压试验。

（A）3 ~ 5　（B）5 ~ 10

（C）10 ~ 15　（D）15 ~ 20

190. 同一操作者、同一台仪器重复测定油品凝点的两次测定结果差不应超过（A）℃。

（A）2.0　（B）3.0　（C）4.0　（D）5.0

191. 测量变压器油的闪点，实际就是测量（B）。

（A）油的蒸发度　（B）油的蒸发度和油内挥发成分

（C）油的燃烧温度　（D）油内的水分和挥发性成分

192. 如果油品的闪点明显降低，则应进行（A）。

（A）真空滤油处理　（B）压力式滤油处理

（C）添加抗氧化剂　（D）换油

193. 在测定油品的界面张力时，测定用的试样皿要用（C）洗液浸泡。

（A）盐酸　（B）硫酸　（C）铬酸　（D）乙酸

194. 油品劣化的重要原因为（C）。

（A）运行时间长　（B）自身氧化

（C）高温下氧化　（D）运行条件差

195. 若变压器油水分超标，应采取（C）措施。

（A）压力滤油　（B）离心滤油

（C）真空滤油　（D）压力加离心

196. 下列属于降凝固点添加剂的是（C）。

（A）硅油（B）磺酸钠

（C）聚甲基丙烯酸酯（D）2，6–二叔丁基对甲酚

197. 在色谱分析操作条件中，对分离好坏影响最大的是（A）。

（A）柱温（B）载气流速

（C）进样量（D）载气压力

198. 水分在运行变压器油中与绝缘纸中为一种（D）状态。

（A）游离（B）饱和

（C）溶解（D）相对平衡

199. 采用高温燃烧微库仑法测定磷酸酯抗燃油氯含量时，样品要在（A）中燃烧。

（A）氧气和氮气（B）氢气和氧气

（C）氧气和氩气（D）氮气和氩气

200. 运行中汽轮机油破乳化度在（B）r/min 下搅拌测定。

（A）1000（B）1500（C）2000（D）800

201. 在氧化安定性实验中，当压力从最高点（C）时，实验结束。

（A）下降至 0（B）开始有明显下降

（C）下降超过 175kPa（D）下降至 620kPa

202. 绝缘材料的介质损耗因数是损耗角的（B）。

（A）以 e 为底的对数（B）正切

（C）正弦（D）弧度

203. 绝缘材料的体积电阻率是指材料内的直流电场强度与（A）的比值。

（A）直流电流密度

（B）电流

（C）电阻

（D）电极常数

204. 在进行变压器油介损测试时，测量温度要恒定在（C）℃左右。

（A）50　（B）60　（C）90　（D）100

205. 在做变压器油击穿电压时，电极距离小，测定结果（A）。

（A）偏低　（B）偏高　（C）一样　（D）无法判定

206. 对同一油样及相等的电极距离而言，（A）的击穿电压最高。

（A）球形电极　（B）球盖形电极

（C）平板形电极　（D）无法比较

207. 测定击穿电压时，不同的电极距离对其击穿电压影响也较大，一般是电极距离越大，则击穿电压（A）。

（A）越高　（B）越低

（C）不变　（D）无法比较

208. 当某变压器油样中的水分含量过大时，会导致其相比正常油样的击穿电压（B），介质损耗因数（A）。

（A）增大　（B）减小　（C）不变

209. 倾点测定的试验结果的重复性不应大于（A）。

（A）3℃　（B）2℃　（C）1℃

210. 油品泡沫特性测试时通过扩散头的空气流量应保持在（B）。

（A）84mL/min ± 10mL/min

（B）94mL/min ± 5mL/min

（C）104mL/min ± 5mL/min

（D）60mL/min ± 10mL/min

211. 测试油样的运动黏度时，内径 0.4mm 的黏度计流动时间不少于（D）s。

（A）200　（B）250　（C）300　（D）350

212. 油品运动黏度测试时，试验的温度必须保持恒定到（A）℃。

（A）±0.1　（B）±0.5

（C）±1.0　（D）±2.0

213. 测定油样运动黏度时，应根据试验的温度选用适当的黏度计，必须使油样的流动时间不少于（A）s。

（A）200　（B）250　（C）300　（D）350

214. 油品运动黏度测定时，同一操作者同一油样 40℃的运动黏度重复性要求不超过（A）mm^2/s。

（A）1.0　（B）2.0　（C）3.0　（D）3.5

215. 油品 40℃运动黏度测定时，记录流动时间应重复测定至少 4 次，各次流动时间应不超过其算数平均值的（A）。

（A）±0.5%

（B）±1.5%

（C）±2.0%

（D）±2.5%

216. 在测定抗燃油中矿物油含量时，加热回流时间至少（D），直到回流液清亮为止。

（A）20min （B）30min （C）50min （D）1h

217. 在测定抗燃油中矿物油含量时，采用（A）萃取其中的矿物油。

（A）石油醚 （B）水

（C）蒸馏水 （D）95% 乙醇

218. 在测定抗燃油中矿物油含量时，干燥的 150mL 烧杯称重应精确至（C）。

（A）0.1g （B）0.01g

（C）0.1mg （D）0.01mg

219. 水分对绝缘介质的电气性能和理化性能有很大的危害性，它最主要的影响是（D）。

（A）击穿电压降低 （B）介质损耗因数增大

（C）油品水解加速 （D）使绝缘纸遭到永久破坏

220. 测定油品运动黏度时，应保证油品在毛细管中的流动属于（B）。

（A）紊流 （B）层流

（C）层流、紊流 （D）其他

221. 运行中的变压器油是否需要补加抗氧化剂，是根据（A）试验来确定的。

（A）T501 含量测定 （B）液相锈蚀

（C）破乳化度 （D）泡沫特性

222. 变压器油油中的故障气体可采用（C）法去除。

（A）压力过滤　（B）离心过滤

（C）真空过滤　（D）压力加离心过滤

223. 运行变压器中，纸绝缘降解的最主要的特征分子是（C）。

（A）羧酸　（B）醇　（C）糠醛　（D）胶质

224. 油品运动黏度化验分析后，分析结果应保留（C）位有效数字。

（A）3　（B）2　（C）4　（D）1

225. 变压器油中（B）的适量存在能起到天然抗氧化剂作用，并能改善变压器油的析气性。

（A）环烷烃　（B）芳香烃

（C）不饱和烃　（D）烷烃

226. 石蜡基的变压器油在（B）以下会有蜡的结晶析出，既影响设备绝缘，又妨碍传热。

（A）–45℃　（B）0℃

（C）–20℃　（D）–10℃

227. 下列物质中，不会影响油品析气性的是（D）。

（A）芳香烃　（B）环烷烃

（C）氮、硫化合物　（D）T746 防锈剂

228. 库仑法测定油中微水时，当在吡啶和甲醇的参与下，（B）被二氧化硫还原。

（A）水　（B）碘　（C）氢　（D）吡啶

229. 测定2，6-二叔丁基对甲酚（T501）抗氧化剂含量，油样脱色处理用石油醚沸点最好在（A）范围。

（A）30 ~ 60℃　（B）20 ~ 30℃

（C）60 ~ 90℃　（D）90 ~ 100℃

230. 原油脱蜡的目的是使油品获得必要的（C），以满足产品低温性能的要求。

（A）闪点和凝点　（B）闪点和露点

（C）凝点和倾点　（D）露点和倾点

231. 变压器油中的（A）含量太高会降低绝缘和冲击强度。

（A）芳香烃　（B）烷烃

（C）环烷烃　（D）非烃类

232. 下列指标中，属于超高压变压器油和普通变压器油共同的检验项目是（D）。

（A）比色散　（B）析气性

（C）苯胺点　（D）氧化安定性

233. 2，6-二叔丁基对甲酚（T501）抗氧化剂防止油品氧化的原理是消耗了油在自动氧化过程中产生的（A）。

（A）自由基　（B）过氧化剂

（C）酸性物质　（D）其他

234. 氢氧化钾乙醇溶液放置一段时间后会有透明白色沉淀黏附于瓶壁四周，这是因为氢氧化钾溶液极易吸收空气中的（D），生成沉淀。

（A）酸性物质　（B）氧气

（C）水分　（D）二氧化碳

235. 库仑分析法属于（D）分析法。

（A）化学　（B）色谱　（C）物理　（D）电化学

236. 测定油品微量水分时，电解液中的碘被（C）还原。

（A）吡啶　（B）水

（C）二氧化硫　（D）甲醇

237. 采用闭口杯法测定油品闪点时，对于闪点低于 104℃的试样每经（A）℃进行点火试验。

（A）1　（B）2　（C）4　（D）5

238. 石油产品闭口闪点测定法中，油杯要用（C）洗涤，再用空气吹干。

（A）柴油　（B）煤油

（C）无铅汽油　（D）碱性钠

239. 变压器油油中溶解气体分析用油样，在采集后的保存期一般不超过（B）天。

（A）1　（B）4　（C）7　（D）10

240. 在油品开口闪点测定法中，点火器的火焰长度，应预先调整为（B）。

（A）1 ~ 2mm　（B）3 ~ 4mm

（C）5 ~ 6mm　（D）7 ~ 8mm

241. 变压器油做油中溶解气体分析的目的，是为了检查是否存在潜伏性（A）故障。

（A）过热、放电　（B）酸值升高

（C）绝缘受潮　（D）机械损坏

242. 若运行中的变压器油混进少量水分时，该变压器油会（D）。

（A）水分沉积在油箱底部 （B）闪点升高

（C）酸值降低 （D）加速劣化

243. 用气相色谱仪测乙炔时，灵敏度大于 0.1 μL/L；测氢气，则大于（C）。

（A）0.1 μL/L （B）1 μL/L

（C）5 μL/L （D）10 μL/L

244. 运行中变压器油的界面张力值（25℃）在（C）mN/m 时，表明油中已有油泥生成的趋势。

（A）≤ 19 （B）19 ~ 25

（C）27 ~ 30 （D）≤ 35

245. 运行中变压器油的界面张力值（25℃）在（A）mN/m 时，表明油已严重老化。

（A）≤ 19 （B）19 ~ 25

（C）27 ~ 30 （D）≤ 35

246. 对于充油电气设备来说，油中的乙炔气体迅速增加，设备内主要存在（A）故障。

（A）放电 （B）过热

（C）绝缘不良 （D）受潮

247. 下列因素中，（C）不是 T501 抗氧化剂颜色发黄质量降低的原因。

（A）见光 （B）受潮

（C）含有游离甲酚 （D）存放时间过长

248. 运行中变压器油电阻率降低，主要是由于（B）污染造成的。

（A）机械杂质　（B）极性物质

（C）潮气　（D）矿物油

249. 运行油混油前，必须进行混合油样的（B）试验，无问题后，方可允许混合。

（A）混油　（B）油泥析出

（C）老化　（D）黏度

250. 对变压器危害最大的气体放电是（C）放电。

（A）电晕　（B）气泡

（C）电弧　（D）沿面

251. 一般矿物油能溶解 6% ~ 10%（体积）的空气，但当油品通过运行设备时，溶解的空气由于压力下降形成气泡，气泡滞留在油中与（D）无关。

（A）油品氧化　（B）产生振动和噪声

（C）降低泵出口压力　（D）产生油泥

252. 新购的变压器油在注入备用罐前还需经（C）处理。

（A）压力滤油　（B）吸附

（C）真空脱气　（D）离心滤油

253. 在测量凝点和冷却速度很快时，其凝点（C）。

（A）偏高　（B）不受影响

（C）偏低　（D）无规律

254. 我国标准规定石油及其产品在（C）℃时的密度为标准密度。

（A）0　（B）10　（C）20　（D）40

255. 恩氏黏度测定时当试油达到所需温度并保持（B）后，进行测定。

（A）4min　（B）5min

（C）6min　（D）7min

256. 测定试油机械杂质，应重复烘干和称量，直至连续两次称量结果的差值不大于（C）为止。

（A）0.004g　（B）0.002g　（C）0.0004g

257. 在变压器油油质劣化过程中不起加速作用的影响因素是（B）。

（A）水分

（B）振动与冲击

（C）铜、铁

（D）纤维素材料

258. 下列因素中，（C）是影响变压器寿命的主要因素。

（A）铁心　（B）绕组　（C）绝缘　（D）油箱

259. 在油中水分测定中，取样不得在相对湿度大于（D）的情况下进行。

（A）40%　（B）50%　（C）60%　（D）70%

260. 进行油泥析出试验所使用的正庚烷、石油醚应保证其中不含有（D）烃。

（A）烷　（B）环烷　（C）不饱和　（D）芳香

261. 在变压器油中发生电弧故障的主要特征气体组成是（C）。
（A）氢气 （B）甲烷、乙烯
（C）氢气、乙炔 （D）乙烷、乙烯

262. 为了防止油老化过快。变压器上层油温不得经常超过（C）。
（A）60℃ （B）75℃ （C）85℃ （D）100℃

263. 运行油中，T501 抗氧化剂含量低于 0.15% 时，应进行补加，补加时油品 pH 值不应低于（C）。
（A）4.0 （B）4.5 （C）5.0 （D）4.2

264. 当油品中存在氧化产物时，其界面张力的变化是（C）。
（A）升高
（B）没有多大变化
（C）急速降低

265. 测定试油凝固点在 −20 ~ 0℃时，冷却剂选用（B）。
（A）水和冰 （B）食盐和碎冰 （C）乙醇和碎冰

266. 绝缘油耐压试验其两电极间的距离为（B）。
（A）2mm （B）2.5mm （C）3mm

267. 测定绝缘强度时，湿度不高于（B）条件下进行。
（A）70% （B）75% （C）80%

268. 在整个微量水分测定过程中会消耗（C）试剂。
（A）碘 （B）吡啶 （C）二氧化硫

269. 运行油中抗氧化剂为复合型，每年应监督油中的（C），当该值低于注意值时及时补加。

（A）酸值　（B）油泥析出

（C）旋转氧弹值　（D）运动黏度

270. 色谱灵敏度应足够高，满足最小检知浓度，对乙炔为不大于 1ppm，对 H_2 为不大于（C）。

（A）0.1ppm　（B）1ppm　（C）10ppm

271. 电力用油气相色谱分析气体对象一般为（B）。

（A）O_2、N_2、CH_4、C_2H_6、C_2H_4、C_2H_2、CO、CO_2

（B）O_2、H_2、CH_4、C_2H_6、C_2H_4、C_2H_2、CO、CO_2

（C）N_2、H_2、CH_4、C_2H_4、C_2H_2、CO、CO_2

272. 油品氧化后可生成酸性的氧化物为（A）。

（A）羧酸、羟基酸及酚类

（B）醇类、酮类、羟基及酚类

（C）羧酸、胶质的沥青质等

273. 导致绝缘油被击穿的主要原因为（C）。

（A）水分、湿度、温度等

（B）水分、气候、湿度等

（C）水分、杂质、温度等

274. 容量在 1000kVA 及以上的变压器应安装热虹吸器，其吸附剂量应为油量的（B）。

（A）0.5% ~ 1.0%

（B）0.5% ~ 1.5%

（C）1.5% ~ 2%

275. 评价绝缘油的电气性能好坏的主要参数有（B）。

（A）绝缘强度、介质损失、酸值等

（B）绝缘强度、介质损失、体积电阻率等

（C）绝缘强度、介质损失、安定度等

276. 影响绝缘油介质损失的主要因素有（B）。

（A）酸值　（B）水分　（C）杂质

277. 在（C）的情况下更换热虹吸器的吸附剂。

（A）酸价下降，pH 值显著下降

（B）酸价回升，pH 值升高

（C）酸价回升，pH 值显著下降

278. 色谱分析进样时应控制在峰高量线性关系的范围内，一般气体进样量为（B）。

（A）0.1 ~ 10μL

（B）0.1 ~ 10mL

（C）1 ~ 5mL

279. 色谱中的热导池检测器检测气体是（A）。

（A）H_2、O_2、N_2

（B）H_2、N_2、CO_2

（C）H_2、O_2、CO、CO_2

280. 色谱分析过程中一般空气和氢气流量之比是（C）。

（A）1 : 10

（B）5 : 1

（C）10 : 1

281. 当绝缘油中含有 0.02%水分时其击穿电压即会降低至约为干燥时的（B）。
（A）10% （B）22% （C）25%

282. 除去变压器油中的有机气体常用（C）法。
（A）压力过滤 （B）离心过滤
（C）真空过滤 （D）压力加离心过滤

283. 在做油溶解气体分析时，同一试验室重复性，当气体浓度大于 20 μL/L，相对偏差应小于（B）。
（A）1% （B）5% （C）10% （D）15%

284. 对密封式变压器，在色谱分析中，其绝对产气速率不得大于（B）mL/h。
（A）0.25 （B）0.5 （C）1.0 （D）1.5

285. 纯净的变压器油绝缘强度比空气大（C）左右。
（A）2 倍 （B）4 倍 （C）5 倍 （D）10 倍

286. 油品中存在水分时，对油品危害最大的水是（C）。
（A）沉积水 （B）溶解水 （C）乳状水

287. 电力用油气相色谱分析，油中含量的 H_2、O_2、CO、CO_2 组分的混合气体，可用（C）固定相来分离。
（A）GDX–104
（B）GDX–502
（C）TDX–01 分子筛

288. 电力用油色谱分析，油中溶解气体中的CH_4、C_2H_6、C_2H_4、C_2H_2等组分混合气可用（C）固定相分离。

（A）活性炭　（B）TDX–01　（C）GDX–502

289. 变压器内部（A）是属于一般性的绝缘导线过热。

（A）低于150℃的热故障

（B）150 ~ 200℃的热故障

（C）300 ~ 700℃中等温度过热故障

290. 表示变压器油化学性能好坏的主要参数之一是（B）。

（A）绝缘强度　（B）酸值　（C）介质损耗因数

291. 下列参数中，（B）是表示变压器油电器性能好坏的主要参数之一。

（A）酸值　（B）绝缘强度　（C）可溶性酸

292. 当变压器油中溶解气体中的乙炔含量高并构成总烃中的主要成分，氢含量高时，这种故障是（C）。

（A）局部放电　（B）火花放电　（C）电弧放电

293. 色谱柱内径在3 ~ 4mm时，色谱分析固定相粒径一般采用（B）。

（A）41 ~ 60目　（B）60 ~ 80目　（C）80 ~ 100目

294. 变压器油温度升高时，绝缘电阻测量值（C）。

（A）增大　（B）不变　（C）降低

295. 对色谱分析结果的重复性和再现性的要求是，不同试验室间的两个平行试验结果相差不应大于平均值的（C）。

（A）15%　　（B）20%　　（C）30%

296. 用特征气体法判断变压器故障，当变压器严重过热时，总烃较高，C_2H_2（B），但 C_2H_2 未构成总烃的主要组分，H_2 含量也较高。

（A）> 10μL/L　　（B）> 5μL/L　　（C）> 3μL/L

297. 不能用于投运前交接验收的击穿电压测定方法是（ D ）。

（A）球电极法　　（B）半球极法

（C）平板极法　　（D）小间隙电极法

298. 变压器油在设备中正常老化的情况下不会产生影响的项目是（C）。

（A）击穿电压　　（B）糠醛含量

（C）闪点　　（D）油泥与沉淀物

299. 如果运行中变压器油的闪点明显降低，应立即测定（B）。

（A）介质损耗因数　　（B）溶解气体含量

（C）击穿电压　　（D）界面张力

300. 对运行中变压器油击穿电压测定结果影响最大的因素是（B）。

（A）水分含量　　（B）电极间隙

（C）电极形状　　（D）环境温度

301. 就色谱分离的物化性能而言，气固色谱是利用固定相表面对不同组分的（B）的差别而达到分离的目的。

（A）分子直径　　（B）物理吸附性能
（C）化学性质　　（D）分子极性

302. 100 μL/L 的 C_2H_2 在 FID 上的输出为 4mV，若峰的自动切割正确，为保证数据准确，数据工作站的纵向标尺范围应设在（D）。

（A）4mV　（B）5mV　（C）8mV　（D）任意位置

303. 影响真空脱气装置脱气效率的主要因素是（A）。

（A）溶解系数　　（B）真空度
（C）气液平衡状态　　（D）回溶现象

304. 如果色谱分析牵涉国际仲裁，油中取气方法应采用（B）。

（A）机械振荡法　　（B）水银托普勒泵法
（C）变径活塞法　　（D）薄膜法

305. 在使用平衡判据进行变压器故障趋势判断时，实测值 / 理论值为（C）可视为油气两相达到平衡状态。

（A）2 ~ 5　　（B）0.2 ~ 5
（C）0.5 ~ 2　　（D）1 ~ 5

306. DL/T 706—2017《电厂用抗燃油自燃点测定方法》中对抗燃油自燃点测定重复性的规定为（C）。

（A）≤ 2℃　　（B）≤ 5℃
（C）≤ 10℃　　（D）≤ 20℃

307. 在油品闭口闪点测定法中，当试样温度达到预计闪点前60℃时，调整加热速度，使试样温度达到闪点前40℃时，能控制升温速度为每分钟升高（A）。

（A）4℃ ±1℃　　（B）5℃ ±1℃

（C）6℃ ±1℃　　（D）7℃ ±1℃

308. 汽轮机油闪点在210℃以下时，试油液面距离内坩埚上部边缘为（B）。

（A）10mm　　（B）12mm　　（C）15mm

309. 用搅拌法测定汽轮机油的破乳化度时，当油水界面的乳浊液层体积减至等于或小于（C）时即认为油水分离。

（A）0mL　　（B）2mL　　（C）3mL

310. 汽轮机油使用中注意事项为（B）。

（A）防止水分侵入，防止油温过高，防止电流作用

（B）防止水分侵入，防止油温过高，防止油产生泡沫，防止电流作用

（C）防止水分侵入，防止油温过高，防止油产生泡沫

311. 汽轮机油中安装连续再生装置，其吸附剂的用量为油量的（A）。

（A）1%～2%　　（B）5%～7%　　（C）5%～10%

312. 为保证汽轮机各轴承内形成的油膜均匀，并降低油的劣化速度，应保证进入轴承的油温在（A）。

（A）35～45℃

（B）40～50℃

（C）45～50℃

313. 汽轮机添加的防锈剂代号为（A）。
（A）T746　（B）T501　（C）T203

314. 采用 GB 264—1983《石油产品酸值测定法》测定油品酸值时，对未中和就已变色的乙醇，测量酸值较小的油样，应事先用（A）进行调节。
（A）0.05N 盐酸　（B）0.05N 氯化钠
（C）0.05N 氢氧化钠　（D）0.05N 氢氧化钾

315. 油品密度测定最终结果数据处理后应精确至（B）kg/m^3。
（A）0.01　（B）0.1　（C）0.05　（D）0.5

316. 油品密度测定时，同一操作、同一仪器在恒定调节下测试同一种油样连续测量结果之差不大于（D）kg/m^3。
（A）0.01　（B）0.1　（C）0.05　（D）0.5

317. 从变压器油国家标准中可以看出，45 号变压器油闪点比其他牌号低 5℃，原因是（D）。
（A）加工工艺有别　（B）精制程度较深
（C）添加剂不同　（D）原油种类有别

318. 油品密度测量时，应使用可溯源于国家标准的标准密度计作定期检定，至少每（D）复检一次。
（A）1 年　（B）2 年　（C）3 年　（D）5 年

319. 根据 GB/T 12579—2002《润滑油泡沫特性测定法》，泡沫特性测试过程中分别记录在吹气结束时及静止周期结束时泡沫的体积，精确至（B）mL。
（A）10　（B）5　（C）4　（D）3

320. 根据 GB/T 25961—2010《电气绝缘油中腐蚀性硫的试验法》，在腐蚀性硫实验中，所选用铜片的大小应为（A）。
（A）6mm × 25mm （B）10mm × 20mm
（C）5mm × 20mm （D）10mm × 25mm

321. 根据 GB/T 511—2010《石油和石油产品及添加剂机械杂质测定法》，当机械杂质的含量在（A）以下时，则可认为无机械杂质。
（A）0.005% （B）0.05%
（C）0.001% （D）0.01%

322. 根据 GB/T 28552—2012《变压器油、汽轮机油酸值测定法（BTB 法）》，测定油品酸值使用的指示剂为（C）。
（A）甲基红 （B）溴甲酚绿
（C）溴百里香酚蓝 （D）溴甲酚紫

323. 根据 GB/T 28552—2012《变压器油、汽轮机油酸值测定法（BTB 法）》，测定油品酸值时油样酸值 < 0.1mg/g，两次测量结果的差值不得超过（A）mg/g。
（A）0.01 （B）0.02 （C）0.03 （D）0.05

324. 对油质劣化产物及可溶性极性杂质反应敏感的检测项目是（B）。
（A）闪点 （B）界面张力
（C）凝固点 （D）密度

325. 下列反映绝缘油电气性质的试验项目是（C）。
（A）闪点 （B）黏度 （C）介损 （D）酸值

326. 下列能证明油品发生化学变化的项目是（D）。

（A）密度 （B）闪点 （C）黏度 （D）酸值

327. 变压器油的（B）高低可以反映出新油的纯净程度和运行油老化状况。

（A）酸值 （B）界面张力值

（C）闪点值 （D）黏度值

328. 反映油品中酸性物质含量有（C）。

（A）酸值、水溶性酸碱

（B）酸值、酸度

（C）酸值、pH 值、皂化值

329. 变压器油中的溶解气体总烃含量超过（B）μL/L，应引起注意。

（A）100 （B）150 （C）200 （D）500

330. 对变压器油油中溶解气体浓度规定的状态是（B）。

（A）25℃、101.3kPa （B）20℃、101.3kPa

（C）50℃、101.3kPa （D）20℃、1atm

331. 对于从国外进口的变压器油进行验收时，应参考（D）。

（A）国家标准 （B）国际标准化组织生产国标准

（C）296 标准 （D）国际电工委员会（IEC）标准

332. 在国家标准中，运行中变压器油的界面张力（25℃）的质量标准为（D）mN/m。

（A）≥ 35 （B）≥ 30 （C）≥ 19 （D）≥ 25

333. 油品颗粒度报告为 MOOG，6 级，对应的 ISO 标准级别为（C）。

（A）16/13 （B）17/14 （C）18/15 （D）12/15

334. 在变压器油中故障气体分析中，《导则》推荐的“三比值”法使用的特征气体共有（C）种。

（A）3 （B）4 （C）5 （D）7

335. 变压器油的电气性能可以用（C）来衡量。

（A）闪点 （B）黏度

（C）绝缘强度 （D）电阻率

336. 对某故障变压器油色谱分析，其成分中总烃含量不高，氢气大于 100 μL/L，甲烷为总烃含量的主要成分，用特征气体判断属于（C）。

（A）一般性过热 （B）严重过热

（C）局部放电 （D）火花放电

337. 通过测定变压器油的介质损耗因数能判断（C）。

（A）自由水分、杂质、导电颗粒

（B）油品油泥产生趋势

（C）油中是否含有极性物质

（D）固体绝缘好坏

338. 以（A）判断油品劣化程度。

（A）油品的安定性、表面张力和介损等

（B）油品的酸性、表面张力和皂化值

（C）油品的安定性、pH 值和皂化值

339. 判断变压器油产生油泥的指标是（D）。

（A）击穿电压　　（B）介质损耗因数

（C）酸值　　（D）界面张力

340. 变压器油的击穿电压不能判断油中是否存在（B）。

（A）水分　　（B）酸性物质

（C）杂质　　（D）导电颗粒

341. 下列变压器油溶解气体分析的组分中，用于判断放电性故障的典型气体是（D）。

（A）甲烷　　（B）乙烷

（C）乙烯　　（D）乙炔

342. DL/T 722—2014《变压器油中溶解气体分析和判断导则》规定，220kV 电压等级变压器油色谱分析周期为（B）。

（A）一个月　　（B）三个月

（C）半年　　（D）一年

343. 变压器油进行色谱分析时总烃注意值规定为（B）。

（A）100mL/L　　（B）150mL/L　　（C）160mL/L

344. 密封式充油电气设备总烃绝对产气速率的注意值为（C）。

（A）6mL/d　　（B）120mL/d

（C）12mL/d　　（D）240mL/d

345. SF_6 新气体的纯度应不小于（B）%（质量分数）。

（A）95　　（B）99.8　　（C）98

346. 油中总烃的相对产气速率大于（B）时应引起注意。

（A）5%　（B）10%　（C）15%　（D）20%

347. 测定油品运动黏度时，要求温度变化范围不超过（C）℃。

（A）±0.01　（B）±0.05　（C）±0.1　（D）±0.5

348. 国家标准规定，新变压器油的酸值不应大于（A）mgKOH/g。

（A）0.03　（B）0.1　（C）0.2　（D）0.3

349. 变压器油的密度不大于（B）kg/m^3。

（A）890　（B）895　（C）897　（D）900

350. 25 号变压器油的 40℃运动黏度不大于（C）mm^2/s。

（A）10　（B）11　（C）12　（D）13

351. 国家标准规定，运行中变压器油的酸值不高于（A）mgKOH/g。

（A）0.1　（B）0.3　（C）0.01　（D）0.03

352. 对运行中的 110kV 电气设备，变压器油的击穿电压不小于（D）。

（A）15kV　（B）20kV　（C）30kV　（D）35kV

353. 测定样品介质损耗因数时，环境相对湿度不应大于（A）。

（A）70%　（B）75%　（C）65%　（D）无要求

354. 用于 500kV 变压器的新油，其耐压值应大于（C）。

（A）100kV　（B）50kV

（C）65kV　（D）60kV

355. 对开放式变压器，在色谱分析中，其绝对产气速率不得大于（A）mL/d。

（A）6 （B）12 （C）24 （D）36

356. GB 2536—2011《电工流体 变压器和开关用的未使用过的矿物绝缘油》规定，新变压器油的介质损耗因数（90℃）标准是小于（C）。

（A）1% （B）0.1% （C）0.5% （D）0.2%

357. 运行中变压器油溶解气体分析中，氢气含量的注意值不大于（C）μL/L。

（A）50 （B）100 （C）150 （D）200

358. 气相色谱仪的灵敏度应足够高，对于 C_2H_2 不大于（B）μL/L。

（A）0.1 （B）1 （C）5 （D）10

359. GB 7595—2017《运行变压器油质量》规定，运行中变压器油水溶性酸（pH 值）指标为不小于（B）。

（A）4.0 （B）4.2 （C）4.8 （D）5.4

360. 根据 DL/T 595—2016《六氟化硫电气设备气体监督导则》要求，运行中有电弧分解物的六氟化硫气体湿度不超过（B）μL/L。

（A）150 （B）300 （C）250 （D）500

361. 根据 DL/T 595—2016 要求，运行中无电弧分解物的六氟化硫气体湿度不超过（D）μL/L。

（A）150 （B）300 （C）250 （D）500

362. 根据 DL/T 595—2016 要求，电气设备内六氟化硫气体年泄漏率应不超过（A）。

（A）0.5%（B）1%（C）2%（D）5%

363. 根据 DL/T 595—2016 要求，运行中六氟化硫气体中二氧化硫含量不大于（B）μL/L。

（A）1（B）2（C）5（D）10

364. 根据 DL/T 595—2016 要求，运行中六氟化硫气体中氟化氢含量不大于（B）μL/L。

（A）1.0（B）2.0（C）5.0（D）10

365. 根据 DL/T 595—2016 要求，运行中六氟化硫气体中硫化氢含量不大于（B）μL/L。

（A）1（B）2（C）5（D）10

366. 根据 DL/T 595—2016 要求，投运前有电弧分解物的六氟化硫气体湿度不超过（A）μL/L。

（A）150（B）300（C）250（D）500

367. 根据 DL/T 595—2016 要求，投运前无电弧分解物的六氟化硫气体湿度不超过（C）μ L/L。

（A）150（B）300（C）250（D）500

368. 油品的抗氧化安定性性能可用（C）指标表示。

（A）酸值

（B）沉淀物含量

（C）酸值与沉淀物含量

（D）水溶性酸

369. 空气中 SF_6 气体容许含量为（D）μL/L。

（A）100　（B）300　（C）500　（D）1000

370. 我国标准规定新 SF_6 湿度含量要求在（B）μg/g（重量比）以下为合格。

（A）10　（B）8　（C）5　（D）15

371. 标准要求运行前变压器油的界面张力（25℃时）为（A）mN/m。

（A）≥ 35　（B）≥ 30　（C）≥ 25　（D）≥ 19

372. 验收新变压器油时，应按 GB 2536—2011 的要求取（B）L 样品作为检测及留样用。

（A）1　（B）2　（C）2.5　（D）3

373. GB/T 25961—2010 规定，在（C）℃进行电器绝缘油的腐蚀性硫试验。

（A）110　（B）115　（C）150　（D）120

374. GB/T 5654—2007《液体绝缘材料　相对电容率、介质损耗因数和直流电阻率的测量》规定，在测定变压器油的体积电阻率时，所用的试验电压的电场强度为（A）。

（A）50 ~ 250V/mm　（B）300 ~ 1000V/mm

（C）200 ~ 500V/mm　（D）250 ~ 500V/mm

375. GB/T 507—2002《绝缘油　击穿电压测定法》规定，取样量为油杯容积的（B）倍。

（A）2　（B）3

（C）4　（D）无明确规定

376. 根据 DL/T 595—2016 要求，六氟化硫新气到货（A）内，应开展新气质量验收。

（A）15 天　（B）30 天
（C）1 个月　（D）半年

377. 根据 GB/T 12022—2014《工业六氟化硫》要求，瓶装六氟化硫到货 20 瓶应随机抽检（B）瓶。

（A）1　（B）2　（C）3　（D）4

378. 根据 DL/T 571—2014《电厂用磷酸酯抗燃油运行维护导则》要求，新磷酸酯抗燃油电阻率值应不低于（C）Ω · cm。

（A）1×10^{9}　（B）6×10^{9}
（C）1×10^{10}　（D）6×10^{10}

379. 根据 DL/T 571—2014 要求，新磷酸酯抗燃油酸值应小于等于（A）mgKOH/g。

（A）0.05　（B）0.01　（C）0.1　（D）0.15

380. 根据 DL/T 571—2014 要求，新磷酸酯抗燃油氯含量应小于等于（B）mg/kg。

（A）10　（B）50　（C）100　（D）200

381. 根据 DL/T 571—2014 要求，新磷酸酯抗燃油空气释放值应小于等于（B）min。

（A）4　（B）6　（C）8　（D）100

382. 根据 DL/T 571—2014 要求，新磷酸酯抗燃油颗粒污染度 SAE AS4059F 应小于等于（B）级。

（A）4　（B）6　（C）8　（D）10

383. 根据 DL/T 571—2014 要求，运行中磷酸酯抗燃油酸值应小于等于（D）mgKOH/g。

（A）0.05　（B）0.01　（C）0.1　（D）0.15

384. 根据 DL/T 571—2014 要求，运行中磷酸酯抗燃油水分应小于等于（D）mg/L。

（A）100　（B）200　（C）600　（D）1000

385. 根据 DL/T 571—2014 要求，运行中磷酸酯抗燃油中矿物油含量应小于等于（B）%。

（A）2　（B）4　（C）6　（D）10

386. 根据 DL/T 571—2014 要求，运行中磷酸酯抗燃油氯含量应小于等于（C）mg/kg。

（A）10　（B）50　（C）100　（D）200

387. 根据 DL/T 571—2014 要求，运行中磷酸酯抗燃油泡沫特性应小于等于（C）mL。

（A）200/0，20/0，200/0

（B）100/0，40/0，100/0

（C）200/0，40/0，200/0

（D）100/0，20/0，100/0

388. 根据 GB/T 33540.3—2017《风力发电机组专用润滑剂　第 3 部分：变速箱齿轮油》要求，新齿轮机油验收项目不包括（D）。

（A）清洁度　（B）水分

（C）运动黏度　（D）腐蚀性硫

389. 根据 DL/T 1461—2015《发电厂齿轮用油运行及维护管理导则》要求，运行中齿轮油颗粒污染等级应（B）级。

（A）≤—/20/18　　（B）≤—/20/17

（C）≤—/21/18　　（D）≤—/21/19

390. 根据 DL/T 1461—2015 要求，运行中齿轮油酸值增加值应小于（D）mgKOH/g。

（A）0.5　（B）0.6　（C）0.7　（D）0.8

391. 根据 DL/T 1461—2015 要求，运行中齿轮油水分应小于（D）mg/L。

（A）500　（B）600　（C）700　（D）1000

392. 风机试运行 72h 内应进行首检，主齿轮箱油应检测项目不包括（D）。

（A）颗粒污染度　　（B）旋转氧弹

（C）运动黏度　　（D）破乳化度

393. 风机试运行检测宜采用抽检形式进行，每次检测应对每种型式机组分别进行抽检。抽检时应对某一机型机组进行交叉抽检，抽检数量不应低于该机型的（A）。

（A）10%　　（B）15%

（C）20%　　（D）25%

394. 根据 GB 11120—2011《涡轮机油》要求，国产新涡轮机油酸值应不大于（B）mgKOH/g。

（A）0.1　（B）0.2　（C）0.3　（D）0.4

395. 根据 GB/T 14541—2017《电厂用矿物涡轮机油维护管理导则》要求，加氢矿物油为基础油的旋转氧弹值应（D）min。

（A）≥ 100　　（B）≥ 300

（C）≥ 500　　（D）≥ 1000

396. 根据 GB/T 14541—2017 要求，新油注入设备后，应在油系统内进行油循环冲洗至颗粒污染度达到 SAE AS4059F（C）级为止。

（A）5　（B）6　（C）7　（D）8

397. 根据 GB/T 14541—2017 要求，运行中汽轮机油酸值应小于等于（D）mgKOH/g 。

（A）0.1　（B）0.15　（C）0.2　（D）0.3

398. 根据 GB/T 14541—2017 要求，运行中汽轮机油运动黏度不超过新油测定值（A）。

（A）5%　（B）10%　（C）15%　（D）20%

399. 根据 GB/T 14541—2017 要求，运行中汽轮机油破乳化度值≤（D）min。

（A）10　（B）15　（C）20　（D）30

400. 根据 GB/T 14541—2017 要求，运行中汽轮机油空气释放值≤（D）min。

（A）4　（B）6　（C）8　（D）10

二、多选题

各题不止一个正确答案，请将正确答案填在括号内。

1. 下列属于系统误差的是（ABC）。

（A）方法误差　（B）仪器误差

（C）试剂误差　（D）过失误差

2. 误差产生的原因很多，根据误差的性质可将误差分为（ABC）。

（A）系统误差　（B）随机误差

（C）过失误差　（D）人为误差

3. 系统误差可以通过方法（ABD）加以校正或消除。

（A）对照试验　（B）校正仪器

（C）多次测定　（D）空白试验

4. 以下属于过失误差的是（BC）。

（A）环境温度的变化　（B）记错数据

（C）样品溅失　（D）试剂不纯

5. 容量计量的误差来源有（ABCD）。

（A）玻璃器具的清洁程度

（B）液面观察和调定的影响

（C）流出时间掌握不当的影响

（D）温度

6. 系统误差产生的原因有（ACDE）。

（A）方法误差　（B）过失误差　（C）仪器误差
（D）试剂误差　（E）主观误差

7. 误差按来源分为（ABC）。

（A）系统误差　（B）偶然误差　（C）过失误差
（D）Q误差　（E）S误差

8. 随机误差的出现符合（AB）的统计规律。

（A）有时大、有时小　（B）有时正、有时负
（C）测定值总是偏高　（D）测定值总是偏低

9. 一组分析结果的精密度好，但准确度不好，是因为（BC）。

（A）操作失误　（B）仪器不准
（C）试剂失效　（D）随机误差大

10. 使用天平时称量方法有（ABC）。

（A）直接称量法　（B）间接称量法
（C）递减称量法　（D）固定重量法

11. 必须定期由计量部门检定或校准的器具有（ABC）。

（A）天平　（B）移液管
（C）温度计　（D）烧杯

12. 下列是三位有效数字的是（ABCE）。

（A）12.1　（B）0.121　（C）0.0121
（D）0.1210　（E）1.21×10^2

13. 按碳和氢的比例，也可分为（AC）两大类。
（A）饱和烃　（B）石蜡烃　（C）不饱和烃
（D）环烷烃　（E）芳香烃

14. 能准确量取液体体积的玻璃仪器有（ABC）。
（A）容量瓶　（B）滴定管
（C）移液管　（D）漏斗

15. 下列玻璃仪器中（AD）可直接进行加热。
（A）烧杯　（B）量筒
（C）试样瓶　（D）锥形瓶

16. 石油由多种元素组成，一般含有（ABCD）。
（A）碳　（B）氢　（C）氧　（D）氮

17. 分析化学的任务是鉴定物质的（AB），以及测定有关成分含量。
（A）化学结构　（B）化学成分
（C）定性分析　（D）定量分析

18. 电力用油包括（ABCD）等。
（A）变压器油　（B）电容器油
（C）断路器油　（D）汽轮机油

19. 电力系统要求绝缘油有良好的物理性质，下列试验项目中能反映绝缘油的物理性质的是（AB）。
（A）黏度　（B）密度
（C）酸值　（D）击穿电压

20. 变压器油的三大功能是（ABC）。
（A）绝缘 （B）散热 （C）灭弧 （D）润滑

21. 油品泡沫特性测试实验中能清洁量筒的溶剂有（ABC）。
（A）甲苯 （B）正庚烷 （C）丙酮 （D）水

22. SF_6 在常温、常压下为（ABCD）的不可燃气体。
（A）无色 （B）无味 （C）无臭 （D）无毒

23. 下列属于常温常压下纯净 SF_6 气体基本物理性质的是（ABC）。
（A）无色 （B）无毒 （C）无味 （D）密度比空气小

24. SF_6 检漏仪一般由（BCD）组成。
（A）镜面 （B）探头 （C）检测器 （D）泵体

25. 变压器油的成分很复杂，但主要是由（ABC）等碳氢化合物组成的。
（A）烷烃 （B）环烷烃 （C）芳香烃 （D）石蜡烃

26. 根据 GB/T 12022—2014，六氟化硫酸度测定中，采用的混合指示剂是由（AD）组成。
（A）甲基红乙醇溶液 （B）酚酞
（C）溴甲酚紫乙醇溶液 （D）溴甲酚绿乙醇溶液

27. 变压器散热结构的形式大致可分为（ABCD）。
（A）波式散热 （B）油浸自冷 （C）油浸风冷
（D）强油导向水冷 （E）氢冷

28. 测定抗燃油中矿物油含量所需的试剂包括（ABC）。
（A）正戊烷　　（B）20% 氢氧化钠溶液
（C）固体氢氧化钾　　（D）95% 乙醇

29. 变压器油水溶性酸测定时，通过比色测定油中水溶性酸的指示剂有（AC）。
（A）溴甲酚绿　　（B）酚酞
（C）溴甲酚紫　　（D）甲基红

30. 采用 GB 264—1983 测定油品酸值所使用的指示剂有（AC）。
（A）甲酚红　　（B）溴百里酚蓝
（C）碱性蓝 6B　　（D）酚酞

31. 导致油劣化的基本因素包括（ABCD）。
（A）氧　　（B）催化剂
（C）加速剂　　（D）纤维素材料

32. 气相色谱试验中常用的气体有（ABC）。
（A）氮气　　（B）氢气
（C）空气　　（D）氧气

33. 色谱法的一般特点是（ABCD）。
（A）高选择性　　（B）高效能
（C）高灵敏度　　（D）分析速度快

34. 气相色谱的一般流程主要包括（ABD）。
（A）气路系统　　（B）色谱柱和检测器
（C）脱气系统　　（D）记录仪

35. 变压器绝缘系统的部件有（ABC）。

（A）主绝缘　　（B）匝间绝缘

（C）相间绝缘　　（D）铁心

36. 油品中水溶性酸碱是指溶于水的（ABCD）。

（A）无机酸　　（B）无机碱

（C）低分子有机酸　　（D）碱性氮化物

（E）高分子有机酸　　（F）高级脂肪酸

37. 下列指示剂的反应类型，属于化学反应类型的是（ABCD）。

（A）酸碱指示剂　　（B）氧化还原指示剂

（C）沉淀指示剂　　（D）吸附指示剂

38. 下列化学药品具有腐蚀性的是（BC）。

（A）丙酮　　（B）氢氧化钾

（C）硫酸　　（D）乙醇

39. 下列化学药品属于易燃品的是（AD）。

（A）丙酮　　（B）氢氧化钾

（C）盐酸　　（D）乙醇

40. 色谱分析中“三快”指的是（ABC）。

（A）进针要快、准　　（B）推针要快

（C）取针要快　　（D）取气要快

41. 色谱分析中“三防”指的是（ABC）。

（A）防漏出气样　　（B）防样气失真

（C）防操作条件变化　　（D）防电压不稳

42. 变压器油的物理特性包括（ABD）。
（A）黏度 （B）密度 （C）浓度 （D）闪点

43. 下面指标中，（CD）不是变压器油指标要求。
（A）电阻率 （B）运动黏度
（C）泡沫特性 （D）破乳化度

44. 油添加剂的种类包括（ABCD）。
（A）抗氧化添加剂 （B）黏度添加剂
（C）降凝剂 （D）防锈添加剂

45. 油品自动氧化的阶段包括（ABC）。
（A）开始阶段 （B）发展阶段
（C）迟滞阶段 （D）爆炸阶段

46. 废绝缘油的硫酸—白土再生工艺流程包括（ABCD）。
（A）沉降 （B）加酸
（C）加白土 （D）过滤

47. 载体的作用是给固定液提供一个大而均匀的惰性固体表面，要求载体应有（ABCDE）等。
（A）吸附惰性 （B）抗压碎能力强 （C）表面积大
（D）形状规则 （E）大小均匀

48. 固定液多为高沸点的有机液体，对固定液的要求是（ABC），对样品组分须有不同的分配系数K。
（A）蒸汽压低 （B）热稳定性 （C）化学稳定性
（D）强度高 （E）硬度大

49. 油中水分存在形态有（ABD）。

（A）游离水分　（B）溶解水分
（C）合成水分　（D）乳化水分

50. T501 抗氧化剂添加前的准备工作包括（AB）。

（A）最佳添加量的确定　（B）对油质的预处理
（C）脱气　（D）滤油

51. 气－固色谱法中，常见的固体吸附剂有（ABCD），它们都具有极大的比表面积。

（A）硅胶　（B）分子筛　（C）活性炭
（D）氧化铝　（E）氯化钠

52. 油中溶解气体组分分析的对象一般包括四种气态烃，下列属于气态烃的是（AB）。

（A）CH_4　（B）C_2H_6　（C）CO　（D）CO_2

53. 变压器油的耐压强度与油中含有（ABC）有关。

（A）水分　（B）油劣化产物
（C）机械混合物　（D）空气

54. 新变压器油注入设备前必须用真空脱气滤油设备进行过滤净化，以脱除油中（AB）和其他杂质。

（A）水分　（B）气体　（C）游离碳

55. 当油中含有水分时，能加速油的（AB）及金属的腐蚀。

（A）乳化　（B）老化　（C）净化

56. 磷酸酯抗燃油本身对金属材料没有腐蚀性，但油的（ABCD）超标会导致金属部件发生腐蚀，造成不可修复的破坏。

（A）水分　　（B）氯含量

（C）电阻率　　（D）酸值

57. 在振荡取气法中，如平衡后的气体不足 1mL，则应进行（AD）操作。

（A）在原样中加入 4mL 氮气，重新振荡

（B）取出气体，加入 4mL 氮气，重新振荡

（C）取出气体，用氮气稀释到 1mL 分析

（D）重新取样，加入 6 ~ 9mL 氮气振荡

58. 测定油样运动黏度过程中，下列做法是正确的有（ABC）。

（A）黏度计调整成垂直状态

（B）水浴温度保持恒定到 ±0.1℃

（C）水浴温度为 40℃

（D）黏度计内油样有气泡

59. 在测定油品运动黏度时，如黏度计沾有污垢，可以用（ABCD）依次洗涤。

（A）铬酸洗液　　（B）水

（C）蒸馏水　　（D）95% 乙醇

60. 老化试验后，变压器油、汽轮机油和磷酸酯抗燃油都要进行的测试有（BC）。

（A）介质损耗因数　　（B）酸值

（C）油泥　　（D）电阻率

61. 热导检测器是根据（ABC）条件来达到检测目的。

（A）欲测物质具有与载气不同的热导率

（B）敏感元件的阻值与温度之间存在着一定的关系

（C）利用惠斯登电桥测量

（D）改变气流

62. 三比值法的三对比值为（ABC）。

（A）C_2H_2/C_2H_4　（B）CH_4/H_2

（C）C_2H_4/C_2H_6　（D）CH_4/C_2H_6

63. 三比值法用到的特征气体有（ABD）。

（A）H_2　（B）CH_4

（C）CO　（D）C_2H_2

64. 油过热时的主要特征气体是（BC）。

（A）H_2　（B）CH_4

（C）C_2H_4　（D）C_2H_2

65. 真空滤油机应在高真空和雾化条件下工作，可除去油中（AC）。

（A）水分　（B）杂质

（C）气体　（D）游离碳

66. 开关滤油时，目的是过滤油中的（ABC）。

（A）水分　（B）游离碳

（C）机械杂质　（D）油中气体

67. 变压器滤油时，目的是过滤油中的（ACD）。

（A）水分　（B）游离碳

（C）机械杂质　（D）油中气体

68. 油品的抗氧化安定性是以试油在氧化条件下（CD）表示。
（A）介损 （B）水溶性酸
（C）酸值 （D）沉淀物

69. 检查运行油外观可以发现油中的（AB ）。
（A）不溶性油泥 （B）纤维和脏物
（C）酸值 （D）pH 值

70. 对保存超过 1 年的 110kV 及以上套管，安装前应进行（ABC）试验。
（A）局放试验 （B）额定电压下的介损试验
（C）油色谱分析 （D）耐压试验

71. 充氮运输变压器在注油排氮前，应对残油进行的试验有（ABCD）。
（A）耐压 （B）含水量 （C）介损 （D）色谱

72. 石油产品中芳香烃含量与油品的（BCD）性质有关。
（A）电气性能 （B）析气性
（C）吸潮性 （D）氧化安定性

73. 油中含水量与（ABCD）有关。
（A）油的组分 （B）暴空时间
（C）温度 （D）老化程度

74. 绝缘油的电气性能的好坏主要由（ABCD）等重要指标来说明。
（A）体积电阻率 （B）绝缘强度 （C）介质损耗
（D）析气性 （E）酸值

75. 下列可以作为气路取样管的有（AB）。

（A）不锈钢管　（B）厚壁聚四氟乙烯管

（C）乳胶管　（D）橡胶管

76. 油品烃类氧化的链锁反应过程将反应分为（ABD）过程，并认为反应的产生和发展是由活性自由基引起的。

（A）链的引发　（B）链的发展

（C）链的复合　（D）链的中断

77. 变压器油在 300℃以上的温度下会发生热分解，但不会产生（BD）。

（A）H_2　（B）CO　（C）C_2H_2　（D）CO_2

78. 变压器上呼吸器的作用是（AC）。

（A）呼吸器内装有吸潮剂，吸附空气中潮气

（B）防止空气中氧气接触变压器油

（C）防止胶囊袋或金属膨胀器内部结露

79. 变压器油的功能有（ABCD）。

（A）绝缘作用　（B）散热冷却作用

（C）灭弧作用　（D）保护铁心和线圈组件的作用

80. SF_6 在断路器中灭弧，除了电弧弧柱的自身特性对熄灭电弧有利外，还由于 SF_6 的（BC）作用和具有吸附电子能力。

（A）分解　（B）复合　（C）冷却　（D）传导

81. 绝缘油在油开关中的作用是（AD）。

（A）绝缘　（B）冷却　（C）散热　（D）消弧

82. 变压器油防劣化的措施有（ABCD）。

（A）添加 T501 抗氧化剂　（B）隔膜密封

（C）安装热虹吸器　（D）按规定补充油和混油

83. 下列检测方法中，属于六氟化硫气体检测技术的是（ABCD）。

（A）电解法　（B）冷凝露点法

（C）电阻电容法　（D）气体检测管法

84. 测定 SF_6 中湿度的含量的常用方法有（ACD）。

（A）质量法　（B）重量法

（C）露点法　（D）电解法

85. SF_6 气体分解产物检测方法常用的有（ABC）。

（A）气体检测管法　（B）气相色谱法

（C）电化学传感器　（D）电解法

86. 电位分析法通常分为（AB）。

（A）直接电位法　（B）电位滴定法

（C）库仑分析法　（D）原子吸收光谱法

87. 色谱分析常用的组分含量计算方法有（ABC）等。

（A）归一法　（B）内标法　（C）外标法

88. 油的净化方法大体上分为（ABC）。

（A）沉降法

（B）过滤法

（C）离心分离法

（D）硫酸—白土法

89. SF_6 设备漏气率测定需采用（AB），用检漏仪来检测。

（A）挂瓶法　（B）整机扣罩法

（C）电解法　（D）阻容法

90. 利用色谱分析判断充油设备故障严重与发展趋势的方法有（ABCD）。

（A）IEC 法　（B）瓦斯分析

（C）平衡判据　（D）回归分析

91. 下列方法中，属于绝缘油的再生方法的是（BCD）。

（A）过滤法　（B）物理净化法

（C）物理—化学法　（D）化学再生法

92. 油中添加 T501 抗氧化剂的方法有（AD）。

（A）溶解法

（B）过滤法

（C）直接加入

（D）从热虹吸器中添加

93. 目前电力系统常用的 SF_6 气体湿度检测方法主要有（ABC）。

（A）电解法　（B）阻容法　（C）露点法

94. 重量分析一般分为（ABC）三种。

（A）沉淀法　（B）气化法

（C）电解法　（D）融化法

95. 下列可以用来表示气体湿度的方法有（ABCDE）。

（A）露点温度　（B）体积分数　（C）相对湿度

（D）饱和水蒸气压　（E）质量分数

96. 对受潮变压器进行干燥的方法有（ABCDE）等。

（A）热油循环法 （B）真空喷淋法

（C）感应法 （D）绕组短路法

（E）零序电流法

97. 油中水分常用的测定方法有（ABCD）。

（A）水分定性测定法

（B）水分测定蒸馏法

（C）微量水分库仑法

（D）微量水分气相色谱法

98. 油中含气量测定的常用方法有（ABCD）。

（A）真空脱气法 （B）真空压差法

（C）二氧化碳洗脱法 （D）气相色谱法

99. 油的净化处理，除了压力过滤法和真空过滤法外，还有（BC）。

（A）吸附法 （B）沉降法

（C）离心过滤法 （D）脱气法

100. 气相色谱法在定量分析中，常用的计算方法有（CD）等。

（A）定性分析 （B）半峰宽法

（C）峰高法 （D）峰面积法

101. 色谱仪的灵敏度应达到对乙炔的最小检知浓度不大于（A），对氢气的最小检知浓度不大于（B）。

（A）0.1μL/L （B）5μL/L （C）10μL/L

102. 色谱中判断设备有无故障常用“三查”法，其内容是（ABC）。

（A）查特征气体含量是否超过注意值

（B）查特征气体的产气速率

（C）查设备的有关情况

（D）查设备故障类型

103. 下列电力用油的炼制工艺流程，不正确的是（BCD）。

（A）预处理→常减压蒸馏→精制→脱蜡→调和

（B）预处理→精制→脱蜡→常减压蒸馏→调和

（C）预处理→常减压蒸馏→脱蜡→精制→调和

（D）预处理→精制→常减压蒸馏→脱蜡→调和

104. 色谱中应用 IEC 三比值法时，下列说法正确的是（ABD）。

（A）只有当各组分含量或产气速率增加到有理由判断可能存在故障时，才能进一步用三比值法

（B）气体含量正常的变压器等设备，比值没意义

（C）当油中气体组分超过注意值时就应该使用三比值法，并查找相应的比值组合以判断故障类型

（D）对于多种故障的联合作用，可能找不到相对应的比值组合

105. 变压器在发生以下（ABCD）情况时，必须进行油中水分测定。

（A）绕组绝缘电阻测量异常

（B）渗漏油严重

（C）油中氢气含量异常

（D）油介损值偏高

（E）油中色谱超过注意值

106. 变压器在发生以下（ABCDE）情况时，必须进行油中溶解气体色谱分析。

（A）出口或近区短路

（B）保护动作后怀疑主变压器存在异常

（C）巡视发现异常

（D）在线监测系统告警

（E）主变压器进行耐压和局部放电试验后

107. 变压器中水分的危害有（ABCDE）。

（A）影响油质的绝缘性能

（B）加速油的老化

（C）间接降低电气设备的绝缘水平

（D）使纸绝缘材料遭永久破坏

（E）腐蚀金属部件

108. 变压器中油劣化产生的危害有（ABCD）。

（A）降低变压器绝缘水平

（B）造成用油设备的腐蚀

（C）影响变压器散热

（D）使固体纤维绝缘材料老化

109. 在进行微量水分分析时，阴极溶液失效，会发生（ABC）的情况。

（A）基准值不稳，重现性差

（B）达到终点需要的时间较长

（C）溶液变得发黑和黏稠，可能会黏附在阴极上

110. 对变压器油真空滤油时，下列说法不准确的是（AC）。

（A）真空度越高、温度越高效果越好

（B）真空度越高、温度越低效果越好

（C）必须在一定温度下，真空度越低效果越好

111. 下列属于色谱法分析的优点的是（ABCD）。

（A）分离效能高　（B）分析速度快

（C）样品用量少　（D）灵敏度高

112. 使用 SF_6 气体介质的优点有（ABCD）。

（A）灭弧性能强　（B）绝缘强度高

（C）设备体积小　（D）不可燃

113. 抗氧化剂选择的条件是（ABCDE）。

（A）有较高的抗氧化性能

（B）在油中有良好的溶解度

（C）加入后，对其他理化性能及电气性能无不良影响

（D）无腐蚀

（E）在运行中不蒸发

114. 在色谱柱的工作条件中，柱温和载气流量对色谱柱出峰的影响是（BC）。

（A）柱温高分离好　（B）流量大保留时间短

（C）柱温低保留时间长　（D）流量小分离差

115. 影响油品氧化的因素有（ABCDEF）。

（A）温度

（B）氧的压力

（C）油品与氧的接触面积大小

（D）催化剂

（E）精制深度

（F）日光

（G）电场

116. 影响热导池检测器灵敏度的因素有（ABCDE）。

（A）桥路工作电流影响

（B）热丝阻值的影响

（C）池体温度的影响

（D）载气纯度的影响

（E）载气流速恒定，气路系统要干燥、清洁

117. 液体的体积电阻率测定值受参数（ABCD）影响。

（A）液体内部溶解导电粒子

（B）电场强度

（C）充电时间

（D）液体温度

118. 影响 SF_6 击穿电压的主要因素有（ABCD）。

（A）电场均匀性

（B）SF_6 的工作压力

（C）不纯物

（D）电极表面

119. 变压器等设备涉及产气的内部故障一般有（ABD）。

（A）过热

（B）放电

（C）漏油

（D）受潮

120. 诊断变压器等充油电气设备内部故障时，一般应包括（ABCD）。

（A）判定有无故障

（B）故障类型的判断

（C）故障严重程度与发展趋势的判断

（D）综合分析与处理措施

121. 过热性故障在变压器内发生的原因有（ABC）。

（A）接点与接触不良　　（B）磁路故障

（C）导体故障　　（D）铁心接地片接触不良

122. 过热性故障（不涉及固体绝缘）产生的特征气体主要组分是（BD）。

（A）H_2　（B）CH_4　（C）C_2H_2　（D）C_2H_4

123. 电弧放电故障（不涉及固体绝缘）产生的特征气体主要组分是（AC ）。

（A）H_2　（B）CH_4　（C）C_2H_2　（D）C_2H_4

124. 变压器的放电性故障分为（ABD）。

（A）电弧放电　　（B）火花放电

（C）电压放电　　（D）局部放电

125. 油中溶解气体是利用（ABC）条件来检测和诊断变压器等充油电气设备内部的潜伏性故障。

（A）故障下的产气的累计性

（B）故障下产气的速率

（C）故障下产气的特征性

126. 反映油品中酸性物质含量的有（ACD）。

（A）酸值　　（B）水溶性碱

（C）pH 值　　（D）皂化值

127. 反映新变压器油电气性能的指标有（ABC）。

（A）体积电阻率　　（B）介质损耗因数

（C）击穿电压　　（D）闪点

128. 下列指标中，不反映变压器油性能变化的是（BCD）。

（A）界面张力　　（B）糠醛含量

（C）乙炔含量　　（D）水分

129. 微库仑法是根据法拉第电解定律和反映过程电解出相同数量需消耗的（C）所用的（D）来计算油中含水量。

（A）二氧化硫　　（B）吡啶

（C）碘　　（D）电量

130. 判断油的劣化程度的指标有（ABC）。

（A）界面张力　　（B）介损

（C）氧化安定性　　（D）耐压

131. 变压器油的介电强度可以判断油中含有（ABC）。

（A）水分

（B）杂质

（C）导电微粒

（D）酸性物质

（E）油泥

132. 判断变压器油的老化程度，通常以变压器油的（ABC）等指标作为判断的依据。

（A）氧化安定性

（B）界面张力

（C）介质损耗

（D）表面张力

（E）pH 值

133.《电力设备交接及预防性试验规程实施细则》规定：集合式电容器的试验项目为（AB）。

（A）油中气体分析

（B）绝缘油击穿电压

（C）水分

134. 欲向大修后的变压器中补充占总油量 12% 的同一厂家、同一牌号的新油前，需按混合比例配制混合油进行项目（AB）的检验。

（A）油泥析出试验　（B）介质损耗因数试验

（C）溶解气体组分试验　（D）T501 含量试验

135. GB 2536—2011 中反映新变压器油可溶性极性杂质情况的检测项目有（AD）。

（A）介质损耗因数　（B）击穿电压

（C）水分　（D）界面张力

136. 样品需避光保存以免对检测结果造成影响的项目是（BD）。

（A）色谱分析　（B）介质损耗因数

（C）闪点　（D）糠醛含量

137. 根据 DL/T 571—2014 要求，运行中抗燃油每三个月应开展的检测项目有（AC）。

（A）运动黏度　　（B）水分

（C）颗粒污染度　　（D）酸值

138. 根据 DL/T 571—2014 要求，运行中抗燃油每六个月应开展的检测项目有（ACD）。

（A）泡沫特性　　（B）电阻率

（C）空气释放　　（D）矿物油含量

139. 根据 GB/T 7595—2017 规定，正常运行的 500kV 变压器无需定期检测，仅需在必要时测定的项目是（ABCD）。

（A）水溶性酸　　（B）闪点

（C）体积电阻率　　（D）油泥与沉淀物

140. 带有热导检测器的气相色谱仪可测定（AB）。

（A）空气　　（B）四氟化碳

（C）八氟丙烷　　（D）六氟乙烷

141. 瓶装工业六氟化硫应按规定随机抽检，下列属于新气验收项目的是（ABCD）。

（A）四氟化碳含量　　（B）酸度

（C）矿物油含量　　（D）可水解氟化物

142. 反映绝缘油电气性质的试验项目有（ACD）。

（A）介损　　（B）闪点

（C）体积电阻率　　（D）击穿电压

143. 带有火焰离子化检测器的气相色谱仪可测定（CD）。

（A）空气

（B）四氟化碳

（C）八氟丙烷

（D）六氟乙烷

144. 根据 DL/T 571—2014 要求，补油后抗燃油应开展的检测项目有（ABCD）。

（A）运动黏度　　（B）密度

（C）开口闪点　　（D）颗粒污染物

145. 根据 DL/T 571—2014 要求，运行中抗燃油每个月应开展的检测项目有（BCD）。

（A）运动黏度　　（B）水分

（C）酸值　　（D）电阻率

146. 根据 DL/T 595—2016 要求，六氟化硫气体在存气瓶内存放半年以上时，使用该气体前应复检（AB），指标应该符合 GB/T 12022—2014 要求。

（A）空气含量　　（B）湿度

（C）酸度　　（D）矿物油

147. 根据 GB/T 25961—2010，在腐蚀性硫实验中，出现（BD）现象说明铜片已被腐蚀。

（A）铜片显示有红色和绿色的多彩色

（B）铜片显示光亮的黑色

（C）铜片显示蓝色覆盖于紫红色的多彩色

（D）铜片表面发生轻微剥落

148. 大修后 500kV 变压器的油中溶解气体含量不得超过数值正确的是（ABC）。

（A）H_2：10 μL/L　　（B）C_2H_2：0.1 μL/L

（C）总烃：10 μL/L　　（D）CH_4：10 μL/L

149. 新安装 110kV 及以上变压器的油中溶解气体含量不得超过数值正确的是（BCD）。

（A）H_2：50 μL/L　　（B）C_2H_2：0.1 μL/L

（C）总烃：20 μL/L　　（D）H_2：30 μL/L

150. GB/T 14542—2017《变压器油维护管理导则》对界面张力的预试周期规定有（BC）。

（A）110kV 及以上交接时

（B）66kV 及以上大修后

（C）66kV 及以上投运前

（D）运行中 110kV 及以上 1 年 1 次

151. 根据 DL/T 595—2016 要求，电气设备内六氟化硫气体湿度检测周期为（ABCD）。

（A）投运前　　（B）投运后 1 年内复测一次

（C）正常运行 3 年一次　　（D）诊断检测

152. 根据 DL/T 595—2016 要求，电气设备内六氟化硫气体年泄漏率检测周期为（AD）。

（A）投运前

（B）投运后 1 年内复测一次

（C）正常运行 3 年一次

（D）诊断检测

153. GB/T 14542—2017 对 90℃介质损耗因素的预试周期规定有（ABCDE）。

（A）交接时

（B）大修后

（C）投运前

（D）运行中 35kV3 年 1 次

（E）运行中 110 ~ 220kV1 年 1 次

（F）500kV 半年 1 次

154. GB/T 14542—2017 对体积电阻率 90℃的预试周期规定有（ABDF）。

（A）投运前

（B）110kV 及以上投运前

（C）大修后

（D）110kV 及以上大修后

（E）运行中 220kV 及以上 1 年 1 次

（F）运行中 110kV 及以下必要时

155. GB/T 14542—2017 对油中含气量（体积分数）的预试周期规定有（ACE）。

（A）500kV 及以上交接时、投运前

（B）210kV 及以上交接时投运前

（C）500kV 及以上大修后

（D）运行中 35 ~ 110kV 必要时

（E）500kV 及以上 1 年 1 次

156. GB/T 14542—2017 对介质损耗因数（90℃）的测试要求是（ABCE）。

（A）新油≤ 0.5%

（B）交接时 220kV 及以下≤ 1%

（C）运行中 220kV 及以下≤ 4%

（D）运行中 500kV 及以下≤ 3%

（E）注入设备后 500kV ≤ 0.5%

157. GB/T 14542—2017 对体积电阻率的（90℃）的测试要求是（ABC）。

（A）交接时、投运前、大修后 110kV 及以上≥ 6×10^{10}

（B）运行中 500kV ≥ 1×10^{10}

（C）运行中 330kV 及以下≥ 5×10^{9}

（D）运行中 110kV ≥ 5×10^{8}

158. GB/T 14542—2017 对油中糠醛含量的预试周期规定为（ABD）。

（A）投运前时　　（B）大修后

（C）大修前　　（D）必要时

159. DL/T 1359—2014《六氟化硫电气设备故障气体分析和判断方法》对 SF_6 电气设备中 SF_6 气体分解产物的检测周期规定为（BCD）。

（A）交接时、投运前

（B）新安装或大修后运行 3 个月内 1 次

（C）500kV 运行后可每年检测 1 次

（D）必要时

160. 220kV 以上新变压器及大修后的变压器油至少应在投入运行（ABCD）后各做一次检测，若无异常，可转为定期检测。

（A）1 天　　（B）4 天　　（C）10 天

（D）30 天　　（E）90 天

161. 110kV 及以上新或大修后的变压器应在投运后（ABCD）各做一次油中气体色谱检测。

（A）4 天　（B）1 天　（C）10 天
（D）30 天　（E）35 天

162. DL/T 722—2014 规定，密封式变压器和电抗器绝对产气速率注意值要求是（ABCDE）mL/d。

（A）$C_1 + C_2 \leqslant 12$　（B）$C_2H_2 \leqslant 0.2$　（C）$H_2 \leqslant 10$
（D）$CO \leqslant 100$　（E）$CO_2 \leqslant 200$

163. DL/T 722—2014 要求，运行设备的 35 ~ 220kV 变压器油中溶解气体色谱分析与烃类气体含量超过下列（ABD）任何一项值时都应引起注意。

（A）总烃：150 μL/L　（B）H_2：150 μL/L
（C）C_2H_2：1 μL/L　（D）C_2H_2：5 μL/L

164. 我国在新变压器油方面的标准有（ABCD）。

（A）变压器油标准　（B）超高压变压器油标准
（C）断路器油标准　（D）电容器油标准

165. 保证在较高负荷下形成边界润滑膜，风力发电机主齿轮油应具备（ABCD）性能。

（A）高黏度指数　（B）油膜稳定性
（C）极压抗磨性　（D）水解安定性、抗乳化性

166. 根据 GB/T 33540.3—2017 要求，新齿轮机油验收项目包括（ABCD）。

（A）清洁度　（B）水分
（C）运动黏度　（D）铜片腐蚀

167. 风机试运行 240h，主齿轮箱油进行首次油质检测项目应包括（ABCD）。

（A）光谱元素分析　　（B）颗粒污染度

（C）水分　　（D）酸值增加值

168. 风力发电机组在试运行 72h 内应进行首检，齿轮油应检测项目有（ABCD）。

（A）运动黏度　　（B）颗粒污染度

（C）水分　　（D）旋转氧弹

169. 风力发电机组运行齿轮油检测项目包括（ABCD）。

（A）光谱元素分析　　（B）颗粒污染度

（C）水分　　（D）酸值增加值

170. 汽轮机油系统检修后所需的检测项目包括（BCD）。

（A）光谱元素分析　　（B）颗粒污染度

（C）泡沫特性　　（D）酸值

171. 汽轮机新机组投运 24h 后，汽轮机油应检项目包括（ABCD）。

（A）色度　　（B）颗粒污染度

（C）水分　　（D）抗乳化性

172. 三代磷酸酯依取代基的结构不同，可将磷酸酯分为（ABC）。

（A）三芳基磷酸酯　　（B）三烷基磷酸酯

（C）烷基芳基磷酸酯　　（D）酚基芳基磷酸酯

173. 变压器油净油器根据循环方式可分为（AB）。

（A）热虹吸净油器　　（B）强制循环净油器

（C）真空净油器　　（D）吸附净油器

174. 变压器用耐油橡胶密封式储油柜主要由（ABCD）组成。

（A）胶囊（或隔膜）　　（B）注放油管、柜体

（C）集污盒、吸湿器　　（D）油位计

175. 变压器用金属波纹密封式储油柜主要由（ABCD）组成。

（A）金属波纹芯体

（B）防护罩（或柜体）

（C）油位（量）指示

（D）排气管、注油管

176. 抗燃油系统中应安装（AB）随时除去油中的颗粒杂质。

（A）精密滤芯　　（B）磁性过滤器

（C）脱水滤芯　　（D）再生滤油

177. 油系统局部过热或油温过高，都会加速磷酸酯抗燃油老化，运行温度适宜的是（ABC）。

（A）35℃　　（B）45℃

（C）55℃　　（D）85℃

178. 抗燃油旁路再生装置一般由（ABCDE）构成。

（A）再生器　　（B）过滤器　　（C）脱水器

（D）供油泵　　（E）压力报警

179. 抗燃油系统中污染物的主要来源于（ABC）。

（A）系统内原来残留的污染物

（B）系统运行中产生的污染物

（C）系统运行中从外界进入的污染物

（D）石油醚溶剂污染

180. 运行中齿轮油氧化后会造成油质下降的情况有（ABD）。
（A）油品黏度增大
（B）油品酸值变化
（C）油品色度值变小
（D）所含的添加剂不断消耗，其抗氧化性能、抗磨能力、抗泡沫等性能均下降

181. 运行中风力发电机主齿轮箱齿轮油酸值增加值超标可采取的措施有（ABCD）。
（A）查找确定原因，消除机械问题
（B）增加取样频次
（C）补加抗氧化剂、抗磨剂
（D）进行再生滤油处理

182. 天然气在发电系统中主要用作燃料使用，其入厂质量监督项目包括（ABCD）。
（A）高位发热量 （B）总硫
（C）硫化氢 （D）二氧化碳

183. 天然气是以烃为主体的混合气体的统称，其物理特性包括（ACD）。
（A）无色 （B）有刺激性气味
（C）无毒 （D）密度比空气轻

184. 六氟化硫气体冷凝露点测量仪器按制冷方式分为（AC）。
（A）制冷剂制冷
（B）水浴制冷
（C）半导体制冷
（D）循环制冷

185. 在变压器产品中，绝缘材料起着（ABCD）作用。

（A）散热、冷却

（B）支撑、固定

（C）灭弧、改善电位梯度

（D）防潮、防霉和保护导体

186. 运行中变压器的纸绝缘材料的机械强度应从（ABCD）进行监测。

（A）耐张强度　（B）冲压强度

（C）撕裂强度　（D）坚韧性

187. 运行中变压器涉及固体绝缘老化可通过（ABC）检测进行评估。

（A）聚合度　（B）油中糠醛含量

（C）CO_2/CO 比值　（D）氧气含量

188. 下列运行中汽轮机油指标说法正确的有（AD）。

（A）破乳化度值≤ 30min　（B）酸值≥ 0.3mgKOH/g

（C）空气释放值≤ 6min　（D）水分≤ 100mg/L

189. 330 ~ 1000kV 运行中变压器油每年至少开展一次的项目有（ABCD）。

（A）色度　（B）介质损耗因数

（C）水分　（D）击穿电压

190. 500kV 热油循环后的变压器油应开展（ABCD）检测。

（A）含气量　（B）介质损耗因数

（C）颗粒度　（D）击穿电压

191. 二十五项反措要求，变压器新油应由厂家提供（ABCD）出厂检测报告。如厂家无此数据，新油验收时应增加此项检测。

（A）腐蚀性硫　　（B）结构族

（C）糠醛　　（D）油中颗粒度

192. 六氟化硫电气设备故障后，现场可检测到的分解产物有（ABD）。

（A）硫化氢　　（B）氟化氢

（C）氢气　　（D）二氧化硫

193. 35kV运行中变压器油每年至少开展一次的项目有（BCD）。

（A）色度　　（B）介质损耗因数

（C）水分　　（D）击穿电压

194. 火力发电厂引风机液压油每年应检测的项目有（ACD）。

（A）运动黏度　　（B）开口闪点

（C）水分　　（D）酸值

195. 目前在电力发电系统生产上汽轮机油常用的破乳化剂有（ABC）。

（A）氧化烃聚合物（SP或BP型）

（B）聚氧化烯烃甘油硬脂酸酯（GPES型）

（C）聚氧乙烯聚氧丙烯甘油硬脂酸酯（GPE15S–2型）

（D）二甲基聚硅氧烷

196. 为了有效地解决汽轮机油产生泡沫的问题，通常添加的消泡剂有（ABCD）。

（A）二甲基硅油　　（B）二甲基聚硅氧烷

（C）二甲基硅酮　　　（D）非硅型

197. 在润滑、液压调速共用的汽轮机油系统中，固体颗粒的存在造成的破坏有（ABC）。

（A）造成轴承、轴颈的表面磨损划伤

（B）导致轴承承载能力降低和温度上升

（C）酿成烧瓦事故

（D）造成跑油或油箱油位不清

198. 目前发电系统油品清洁度主要检测方法有（ABC）。

（A）自动颗粒计数仪法　　（B）显微镜法

（C）称重法　　　（D）目测法

199. 在铁谱分析中常见的磨损金属颗粒按磨损类型可分（ABCDE）。

（A）粘着磨损　　（B）磨料磨损　　（C）疲劳磨损

（D）腐蚀磨损　　（E）微动磨损

200. 绝缘油的作用主要包括（ ABCDE ）。

（A）绝缘　　（B）散热　　（C）灭弧

（D）信息载体　　（E）保护绝缘材料

201. 主油箱的作用主要有（ACD）。

（A）储存油

（B）冷却油温

（C）分离油中的空气

（D）沉积油中的水分和杂质

（E）去除机械杂质

202. 汽轮机油的作用主要包括（ABCE）。

（A）润滑

（B）冷却

（C）传导介质

（D）去除氧化产物

（E）密封

203. 影响油品闪点测定的主要因素有（ABCD）。

（A）油品含水量　（B）加热速度　（C）点火次数

（D）大气压力　（E）环境温度

204. 影响油品中含水量的主要因素有（ACDE）。

（A）化学组成

（B）pH

（C）暴露在空气中的时间

（D）油自身氧化

（E）温度

205. 下列属于油品的化学性能的是（CDE）。

（A）苯胺点　（B）界面张力

（C）水溶性酸　（D）酸值

（E）氧化安定性

206. 根据 DL/T 1206—2013《磷酸酯抗燃油氯含量的测定　高温燃烧微库仑法》，高温燃烧微库仑分析仪的滴定池包括（ABCD）。

（A）参比电极　（B）测量电极

（C）电解阳极　（D）电解阴极

207. 根据 DL/T 1206—2013，高温燃烧微库仑分析仪的滴定池（BC）处镀有氯化银。

（A）参比电极　　（B）测量电极

（C）电解阳极　　（D）电解阴极

208. 磷酸酯抗燃油与水作用发生水解的产物有（BCD）。

（A）酸性磷酸三酯　　（B）酸性磷酸二酯

（C）磷酸　　（D）酚类

三、判断题

1. 在石油中，碳、氢两种元素主要以单质形式存在。（×）
2. 石油及石油产品的密度比 1 大。（×）
3. 石油及石油产品的密度比 1 小。（×）
4. 变压器油中芳香烃含量越大越好。（×）
5. 电力用油选用环烷基石油比较好。（√）
6. 凡是有极性键的分子都是极性分子。（×）
7. 有机物着火可以用水扑灭。（×）
8. 可以用铜丝代替电气设备熔断器的熔丝。（×）
9. 没有减压阀的氧气瓶可以使用。（×）
10. 在滴定试验中，滴定终点和理论终点并不一致。（√）
11. 物质的比重无单位，以符号 d 表示；密度有单位，用符号 ρ 表示。（√）
12. “物质的量”是量的名称，它的单位名称是摩尔（或毫摩，微摩），单位符号用 mol 或 mmol、μ mol 表示。（√）
13. 石油产品及石油的密度与其组成无关。（×）
14. 氢氧化钠溶液应装在用玻璃塞的瓶内。（×）
15. SF_6 新气体的纯度应不小于 98%。（×）
16. SF_6 气体具有强烈的窒息性。（√）
17. SF_6 的化学结构比较稳定，所以它的化学性质极不活泼。（√）
18. SF_6 气体是一种绝缘介质，常温常压下为无色、无味的有毒气体。（×）
19. SF_6 在常温常压下为无色无味无臭无毒的不可燃气体，其密度大约为空气的 5 倍，因而有强烈的窒息性。（√）
20. SF_6 的导热系数比空气大，是优秀的冷却介质。（×）
21. SF_6 的临界压力为 3.85MPa。（√）

22. SF_6的临界温度为45.64 ℃。 （√）
23. SF_6的临界温度是指SF_6气体可以被液化的最低温度。 （×）
24. SF_6临界压力是表示SF_6气体在这个温度下液化所需的最小压力。 （√）
25. 油品的电阻率随油品温度的升高而升高。 （×）
26. 随机误差是由分析人员疏忽大意，产生误操作引起的。（×）
27. 系统误差产生的原因是方法误差、仪器和试剂误差、环境误差。 （×）
28. 按碳和氢的比例，可分为饱和烃和不饱和烃两大类。 （√）
29. 精密度高准确度一定高，也就是说真实值一定高。 （×）
30. 准确度高一定需要精密度高，也就说精密度是保证准确度的先决条件。 （√）
31. 防锈剂又称为十二烯基磺酸钠；抗氧化剂叫T501，又称为2、6二叔丁基对甲酚。 （×）
32. 倾点是指油品在规定条件下冷却至停止流动时的最高温度。 （×）
33. 柴油中混入汽油，则柴油的闪点温度降低。 （√）
34. 变压器油的牌号是根据倾点划分的。 （×）
35. 从油桶中取样应从油桶的中部取样。 （×）
36. 不同牌号的油原则上不宜混油。 （√）
37. 氮气在油中的溶解度高于氧气在油中的溶解度。 （×）
38. 测定油品闪点、燃点时，不需要进行大气压校正。 （×）
39. 大气压对闪点的测定无影响。 （×）
40. 石油产品的密度是根据阿基米德定律来测定的。 （√）
41. 水分在变压器油中与绝缘纸中是一种平衡状态。 （√）
42. 电力系统要求绝缘油有良好的物理性质、化学性质和电气性质。 （√）
43. 被称药品可以直接放在天平上。 （×）
44. 色谱是一种分离技术。 （√）

45. 沉淀过滤、洗涤采用倾泻法，洗涤的原则是少量多次，尽量沥干。（√）

46. 运动黏度的单位为“托”或“斯”，用符号“St”表示。1托等于1cm²/s。（√）

47. 用对照分析法可以校正由仪器不够准确所引起的误差。（√）

48. 取油样过程中，油样应微正压缓缓流入容器，不产生冲击、飞溅或起泡。（√）

49. 磷酸酯抗燃油对非金属材料有较强的溶解或溶胀作用。（√）

50. 凝点是指润滑油及深色石油产品在试验条件下冷却到液面不移动时的最高温度。（√）

51. 凝点的温度范围是液面位置从移动到不移动或从不移动到移动的温度范围。（√）

52. 滴定管、移液管和容量瓶的标称容量一般是指15℃时的容积。（×）

53. 偶然误差在分析测定中是可以避免的。（×）

54. 随机误差的分布遵从正态分布规律。（√）

55. 试验分析结果的精密度可以用误差来表示。（×）

56. 采用空白试验可以消除试剂和器皿带来杂质的系统误差。（√）

57. 精密度表示各次测定结果的平均值与真实值之间的相互接近程度。（×）

58. 准确度是测定值与真实值之间相符合的程度，可用误差表示，误差越小准确度越高。（√）

59. 用碱蓝6B指示剂在非水溶液中测定酸值时变色范围pH值一般在10.3 ~ 11.0。（×）

60. 用溴钾酚绿指示剂测定油中的pH值时，变色范围在4.0 ~ 5.4。（×）

61. 真空滤油机可以滤除油品中含有的大量机械杂质和游离水分。（×）

62. 一般气体临界温度越高越好，表明是不易液化。 （ × ）

63. 在量器分类方面，我国统一使用“In”表示量入，“Ex”表示量出。 （√）

64. 因饱和醚的通式为 $C_nH_{2n+2}O$，故分子式为 C_2H_6O 的物质一定是醚。 （ × ）

65. 油品主要由各种烃类组成，烃类分子的大小和结构不同，则油品的比重相同。 （ × ）

66. 油品的水溶性酸碱指能溶于水的无机酸、无机碱、低分子有机酸及碱性氮化物等。 （√）

67. 郎伯—比耳定律是光吸收的基本定律，不仅适用于有色溶液，也适用于其他均匀的、非散射的吸光物质，包括固体、液体、气体。 （√）

68. 郎伯—比耳定律适用于原子吸收光谱法分析。 （√）

69. 变压器油与断路器油的分类方法是相同的。 （ × ）

70. 烃是由碳、氢和磷、硫等元素组成的有机化合物。 （ × ）

71. 含有 16 个及以上碳原子的烷烃为液体。 （ × ）

72. 只有含有单独苯环的烃才是芳香烃。 （ × ）

73. 石油及石油产品的密度与其组成无关。 （ × ）

74. 石油及石油产品的密度与比重无区别。 （ × ）

75. 机械设备使用了润滑油或润滑脂就不会发生磨损了。 （ × ）

76. 油中烃类物质抗氧化能力最强的是环烷烃。 （ × ）

77. 纯净的六氟化硫气体是有毒的。 （ × ）

78. 黏度指数是衡量油品黏度随温度变化特性的一个恒定量。 （ × ）

79. 油温不会影响油与氧的化学反应速度。 （ × ）

80. 分光光度计都有一定的测量误差，吸光度越大时测量的相对误差越小。 （ × ）

81. T501 的学名为 2，6– 二叔丁基对甲酚。 （√）

82. 对无论采用哪种方法再生的油品，都要按照运行油标准规定

做全面分析。 （×）

83. 废油再生方法可以分为物理方法和化学方法两类。 （×）

84. 环境保护中的“三废”是指废水、废气和废渣。 （√）

85. 干燥容量瓶时通常用自然干燥法，不应放入烘箱烘烤。（√）

86. 系统误差是分析过程中的固定因素引起的。 （√）

87. 有效数字的位数是根据测定方法和选用仪器的准确度确定的。 （√）

88. 取机械油的探油器可以接着取变压器油。 （×）

89. 25 号变压器油的凝点不应高于 -25℃。 （√）

90. 测定油中水分对环境温度与湿度无要求。 （×）

91. 对桶装进口油与国产油在取样要求上无区别。 （×）

92. 糠醛是变压器中绝缘纸因降解而产生的最主要特征液体分子。 （√）

93. 每次油样泡沫特性测试之后，必须彻底清洗试验用量筒和进气管，以除去前一次试验留下的痕量添加剂。 （√）

94. 油品泡沫特性测试过程中，当泡沫或泡沫层没有覆盖油的表面，且可见到片状的清晰油品时，报告泡沫体积为“0mL”。 （√）

95. 油品泡沫特性测试过程中高温浴测试时在试样达到温度要求后立即进行，并且要求量筒浸入 93.5℃浴中的时间不超过 2h。 （×）

96. 在测定油品运动黏度之前，必须将黏度计用溶剂油或石油醚洗涤，然后用棉花过滤的热空气吹干。 （√）

97. 在恒定温度下，黏度计的毛细管常数与流动时间的乘积，即为该温度下测定液体的运动黏度，单位为 mm^2/s^2。 （×）

98. 抗燃油中矿物油含量测试是在油样中加入 50mL 40%NaOH 水溶液皂化，用石油醚萃取其中矿物油。 （×）

99. 测定透明油品时，密度计读数时眼睛应与密度计刻度线相切成直线，读数为液体下弯液面与密度计刻度相切的那一点。（√）

100. 变压器油水溶性酸测定通过油样与等体积蒸馏水混合后，取其水抽出液部分用比色或酸度计测定油中水溶性酸。（√）

101. 油品酸值测定发现氢氧化钾乙醇标准溶液变黄或产生沉淀时，应进行过滤后使用。（×）

102. 油品酸值测定时，若被测油样的酸值较大，可酌情减少油样的称样量。（√）

103. 根据 GB/T 12022—2014，六氟化硫可水解氟化物含量测定原理是气体与碱液共同震荡水解生成氟离子，用镧—茜素络合剂显色比色法测定。（√）

104. 根据 GB/T 12022—2014，六氟化硫矿物油测定在常温下用四氯化碳吸收后用红外光谱仪测定。（×）

105. 六氟化硫毒性试验通过配置体积分数为 79% 六氟化硫和体积分数为 21% 氧气的试验气体，使小白鼠连续生活 24h，观察 48h 期间小白鼠是否中毒。（×）

106. 磷酸酯抗燃油新油取样应按 GB/T 7597—2007《电力用油（变压器油、汽轮机油）取样方法》的规定进行，用于颗粒度测试的样品不得进行混合，应对单一油样分别进行测试。（√）

107. 在抗燃油旁路再生装置投运期间，应定期取样分析油的酸值、电阻率。如果油的酸值升高或电阻率降低，应及时更换再生滤芯或吸附剂。（√）

108. 采用 GB 264—1983 测定油品酸值时，对于在滴定终点不能呈现浅红色的油样，允许滴定达到混合液的原有颜色开始明显改变时作为终点。（√）

109. 液相锈蚀试验中磨好的试验钢棒，用手拿着试验钢棒，用一块干净的无绒棉布或纸轻轻擦拭。（×）

110. 液相锈蚀试验的浴中的液面不应低于烧杯内的油面。（√）

111. 液相锈蚀试验结束时，试验钢棒的所有检查均不使用放大镜，在普通光线下进行。（√）

112. 液相锈蚀试验不需要进行平行试验。（×）

113. 破乳化时间测定的重复性为 3.0min。 （×）

114. 在破乳化度实验中，搅拌结束后提起搅拌桨，此时若搅拌桨上附有乳化液，应使用竹镊子夹着蘸有石油醚的脱脂棉将其擦净、风干，以免影响下次实验进行。 （×）

115. 用旋转氧弹法测定润滑油氧化安定性，向容器中加入 50g 试样并加入 5mL 蒸馏水，后直接将样品盛样器滑入弹体中。 （×）

116. GB/T 507—2002 适用于测定 40℃黏度不大于 350mm²/s 的各种绝缘油。 （√）

117. 在润滑油空气释放值测定实验中，若气泡分离的时间在 15min 内，记录时间精确到 0.1min；15 ~ 30min 之间，精确到 1min。 （√）

118. 在润滑油空气释放值测定实验中，如停气 30min 后密度值未达到规定值，仍需继续试验。 （×）

119. 测定倾点过程中，当试管倾斜而试样不流动时，记录此时的温度计读数。 （×）

120. 汽轮机油老化试验后油样应进行酸值、油泥和介质损耗因数的测试。 （×）

121. 进行老化试验时，若采用电热鼓风恒温箱进行实验，则盛油样的烧杯在恒温箱里的位置应周期性地更换。 （√）

122. 老化实验采用的铜丝长度都是 330mm。 （×）

123. 根据 GB/T 25961—2010，在腐蚀性硫实验中，将制备好的铜片以长边着地立着放于瓶底。 （√）

124. 根据 GB/T 25961—2010，在腐蚀性硫实验中，清洗后用压缩空气或惰性气体吹干铜片。 （×）

125. 当测定低于 0℃的凝点时，试验前应在套管底部注入无水乙醇 1 ~ 2mL。 （√）

126. GB/T 7305—2003《石油和合成液水分离性测定法》可以测定任意黏度的油品。 （×）

127. GB/T 7305—2003 可以用于新油的验收试验，也可以用于监

测使用中的油品。 （√）

128. 根据 GB/T 511—2010，如果机械杂质的含量不超过石油产品或添加剂的技术标准的要求范围，第二次干燥及称量处理可以省略。 （×）

129. 根据标准 DL/T 703—2015《绝缘油中含气量的气相色谱测定法》，采用气相色谱法测定绝缘油中的含气量过程中所用的玻璃注射器无需校正。 （×）

130. 采用电位滴定法测定石油产品的酸值可以用于预测油品、生物柴油及生物柴油调和燃料在使用过程中的腐蚀性能。 （×）

131. 根据 GB/T 4945—2002《石油产品和润滑剂酸值和碱值测定法（颜色指示剂法）》，采用颜色指示剂法测定石油产品的酸值适用于能在甲苯和异丙醇混合液溶剂中全溶或几乎全溶的石油产品的酸性。 （√）

132. 根据 GB/T 4945—2002，采用颜色指示剂法测定石油产品的酸值适用于含有多种碱性添加剂类型的润滑油的碱值。 （×）

133. 根据 GB/T 4945—2002，采用颜色指示剂法测定石油产品的酸值可以测出绝对的酸值和碱值。 （×）

134. 当强酸溅到皮肤上时，应先用大量清水冲洗，再分别用 0.5% 的碳酸氢钠清洗，然后送医院急救。 （√）

135. 不准把氧化剂和还原剂以及其他容易互相起反应的化学药品储放在相临近的地方。 （√）

136. 亨利定律阐明了气液平衡下，溶质气体的分压与溶液中气体浓度的关系。 （√）

137. 油品的黏温特性是指油品的黏度随温度升高而减小，随温度降低而增大的性质。 （√）

138. 温度升高，油品密度增大。 （×）

139. 动力黏度与运动黏度是同一数值的两种表述。 （×）

140. 选用变压器油时，对其黏度性质无要求。 （×）

141. 环烷基油最显著的性能是黏温特性。 （×）

142. 恩氏黏度计的水值是在25℃条件下测定的。（×）
143. 工业盐酸显淡黄色主要是因为其中含有铁离子杂质。（√）
144. 有色溶液的吸光度为0时，其透光度也为0。（×）
145. 分光光度法是基于物质对光的选择性吸收而建立起来的分析方法，它服从朗伯—比尔定律。（√）
146. 当变压器油温升高时绝缘纸中的水分进入变压器油中。（√）
147. 变压器中的水分和铁、铜材料对油品劣化起催化剂的作用。（√）
148. 热导检测器是根据载气中混入其他气态物质时，其热导率不发生变化的原理制成的。（×）
149. SF_6气体的密度为6.139g/L（20℃），约为空气的5倍。（√）
150. T501抗氧化剂之所以能延缓油的氧化，主要是它先消耗了油中生成的自由基。（√）
151. 气相色谱仪的分辨率是定量描述两相邻组分在色谱柱中分离情况的主要指标，它等于相邻色谱峰保留值之差与色谱峰基线宽度总和之半的比值。（√）
152. 聚合度的大小不直接反映绝缘纸的老化程度。（×）
153. 变压器油中水分的主要影响是使纸绝缘遭到永久性破坏。（√）
154. 重量分析中必须选用滤纸灰分在0.2mg以下的定量滤纸。（√）
155. 同级滴定管规格越大，容量允许差也越大。（√）
156. 定量滤纸按孔隙大小分为快速、中速、慢速三种。（√）
157. 定量滤纸也称无灰滤纸，只用于定量分析。（√）
158. 对含有少量杂质的固体样品最有效的纯化方法是选用适宜的溶剂进行重结晶。（√）
159. 毛细管黏度计可以任意选用。（×）
160. 测定微量水分对实验室的湿度没有要求。（×）
161. 采用闭口杯法测定燃油闪点时，当试样的水分超过0.05%

时，必须脱水。（√）

162. 油品取样器皿必须清洁无杂质颗粒，如有可能至少用油样冲洗一次。（√）

163. 变压器油的防劣化措施之一是添加 T501 抗氧化剂。（√）

164. 用于杂质测定的油品取样器皿用新石油醚冲洗干净即可。（×）

165. 油品开口闪点测定过程中，点火器的火焰长度为 3 ~ 4mm。（√）

166. 在油品酸值测定过程中，使用的氢氧化钾乙醇溶液 3 个月内不用标定。（×）

167. 测定油品运动黏度时，对毛细管的选择使用无要求。（×）

168. 色谱仪的热导检测器是质量型检测器，而氢焰检测器为浓度型检测器。（×）

169. 更换微量水分电解液卡尔—费休试剂的操作，可以不在通风柜内进行。（×）

170. 变压器油中的水分对绝缘介质的电气性能和理化性能均有很大危害性。（√）

171. 变压器油在变压器与油开关中所起的作用是相同的。（×）

172. 测定油品界面张力时，如果仪器清洗不干净或有外界污染物存在，则测得的界面张力值偏低。（√）

173. 测定闭口闪点时，杯内所盛的油量多，测得结果偏高。（×）

174. 测定酸值的过程中，加入乙醇溶液的作用是萃取油中的酸性物质。（√）

175. 采用真空滤油不能滤除油中的水分。（×）

176. 六氟化硫气体具有优越的绝缘和灭弧性能。（√）

177. 测定油中水分时，为控制好回流速度，按要求使冷凝管斜口的液体滴下速度为每秒 4 ~ 6 滴。（×）

178. 随着油品的逐渐老化，油品的酸值将会上升，pH 值将会下降。（√）

179. 用气相色谱仪的氢焰检测器（FID）可以测出油中的微量水分。（×）

180. 氢氧化钾乙醇溶液吸收空气中的二氧化碳生成碳酸钾沉淀，该沉淀可溶于水。（√）

181. 油品的颜色愈浅，说明其精制程度及稳定性愈好。（√）

182. 油品氧化后的主要表现之一是油的颜色逐渐变深。（√）

183. 试油的黏度指数越大，其黏温特性越好。（√）

184. 电导率的大小通常用来比较各物质的导电能力，因为通常测定的电导率是电阻的倒数。（×）

185. 色谱定量时，用峰高乘以半峰宽为峰面积，则半峰宽是指峰底宽度的一半。（×）

186. 使用气相色谱仪时，应先通载气后接通电源。（√）

187. 油品的黏温特性好，指油品的黏度不随油温的升降而明显变化。（√）

188. 试样中铁含量的两次平行测定结果是 0.045% 和 0.046%，则平均值为 0.045%。（×）

189. 新油在注入变压器前，不需要用真空滤油机进行滤油。（×）

190. 运行中变压器油生成油泥，标志着油的氧化过程已进行了很长时间。（√）

191. 油中氧化产物含量越大，则界面张力越小。（√）

192. 适当降低温度有利于滤除油中溶解水分。（√）

193. 变压器油受到污染，界面张力值将变小。（√）

194. 气相色谱仪可以测定油中微量水分的含量。（√）

195. 从试油中测得的酸值，为有机酸和无机酸的总和，也叫总酸值。（√）

196. 毛细管黏度计的常数需要用已知黏度的标准液进行定期校正。（√）

197. 气相色谱最基本的定量方法是归一化法、内标法和外标法。（√）

198. 水分存在和激烈搅拌是油品产生乳化的主要原因。（√）
199. 用毛细管黏度计测量油品的黏度是一种相对测量法。（√）
200. 闪点相当于加热油品使空气中油蒸汽浓度达到爆炸下限时的温度。（√）
201. 机械杂质就是表征存在于油品中所有不溶于溶剂（如汽油、苯等）的沉淀状的或悬浮状的物质。（√）
202. 运行油中出现低分子有机酸，说明油品已经开始老化。（√）
203. 运行温度是影响油品寿命的重要因素之一。（√）
204. 使用酸度计测定油品的 pH 值比目视比色测定的结果约偏高 0.20。（√）
205. 油品中水分的含量与油品的温度无关。（×）
206. 油中的水分含量越大，油的击穿电压越高。（×）
207. 油品的表面张力随温度的升高而升高。（×）
208. 分光光度法的单色器，其作用是把光源发出的复合光分解成所需波长的单色光。（√）
209. 色谱仪的热导检测器的桥电流高，灵敏度也高，因此使用的桥电流越高越好。（×）
210. 测定油品的界面张力，既可以鉴别新油的质量，又可以判断运行油的老化程度。（√）
211. 色谱仪中热导检测器最关键的元件是热丝。（√）
212. 电气用油的介质损耗特性，以它的介质损耗角 σ 的正切值来表示。（√）
213. 色谱仪的色谱柱的寿命与操作条件有关，当分离度下降时说明柱子失效。（√）
214. 运行中的变压器油的酸值增大，说明该油开始老化。（√）
215. 变压器油中的 T501 抗氧化剂的含量不会影响油的绝缘强度。（×）
216. 变压器油氧化安定性的诱导期测定法，是在 100℃ ±0.5℃下，通入氧气，测定挥发性酸达到 0.28mgKOH/g 所需的时

间（h）。（×）

217. 硅油等油品添加剂、降凝剂对油品放气性影响不大。（×）

218. 电力工作人员接到违反《电业安全工作规程》的命令，应拒绝执行。（√）

219.《中华人民共和国计量法》规定的计量单位是国际单位制计量单位和国家选定的单位。（√）

220. 化验室内的一切用电设备的绝缘、线路、开关等都应按期检查。（√）

221. 发现有人触电，应立即进行急救。（×）

222. 当浓酸溅到衣服上时，应先用水冲洗，再用20g/L稀碱中和，最后再用水冲洗。（√）

223. 油品进行闪点试验时加热出的混合气体对人体无害。（×）

224. 氧气瓶用的减压器压力表应由两个表头组成，一个指示氧气瓶中的压力，另一个指示氧气减压后的压力。（√）

225. 为了改善油的低温流动性，在润滑油的生产过程中要进行脱蜡。（√）

226. 使用苯冲洗测定机械杂质残渣时，要在通风橱内进行，防止中毒。（√）

227. 实验员将汽油、石油醚、酒精等药品储存在工作场所。（×）

228. 氧气压力表和各连接部分如不慎沾污油脂，必须依次用苯和酒精清洗，并待风干后再用。（√）

229. 配制有毒或可产生腐蚀性气体的试剂时，应在通风橱内进行。（√）

230. 用真空滤油机去除油中的水分时，水的沸点与其真空度成正比。（√）

231. 测定机械杂质使用的温热汽油，既可以在电炉上加热，也可以用水浴加热。（×）

232. 当表示温度间隔或温差时，摄氏度（℃）与开尔文（K）是一致的。（√）

233. 随机误差是由分析人员误操作引起的。（×）

234. 气相色谱用固体吸附剂作固定相，常用的固体吸附剂有活性炭、氧化铝、硅胶、分子筛和高分子微球。（√）

235. 变压器的热虹吸器投运后，能很好地降低油品中溶解性气体的含量。（×）

236. 石油产品的分馏是按组分沸点的差别，用蒸馏装置把混合物分开的方法。（√）

237. 使用各种不同的洗液洗涤仪器时，一定要除去上一种洗液后再用另一种，以免相互作用生成更难清洗的产物。（√）

238. 原油常、减压蒸馏后经酸碱精制，如增加电场作用，可以促使酸渣沉降速度加快。（√）

239. 变压器油的国际标准检验项目中以倾点值表示油品的低温性能。（√）

240. 运行温度是影响油品寿命的重要因素之一。（√）

241. 机组运行异常或氢气湿度超标时，应增加油中水分检验次数。（√）

242. 除去油中的乳状水，用简单的物理方法只能除去一部分，无法全部去除。（×）

243. 运行油接近极限值或不合格时，可以补充新油，以改善油质或提高油质合格率。（×）

244. 电桥电压太低，将导致测量灵敏度降低，相对测量误差增大。（√）

245. 电感线圈中的电流不能突变，电容器上的电压不能突变。（√）

246. 油品的电阻率随温度升高而降低。（√）

247. SF_6气体的压力变化是按理想气体的规律来变化的。（×）

248. 温度对击穿电压的影响不大。（×）

249. 气相色谱仪中热导检测器和氢气火焰离子化检测器均需要直流稳压电源。（×）

250. 气相色谱仪中的针形阀实际上是一个可变气阻，对气体起不到稳压或稳流的作用。（√）

251. 纯度不够的 SF_6 放电后的分解物属有毒物，因此充 SF_6 的电气设备中应放置吸附剂，吸附设备内的水分和有毒物质。（√）

252. S_2F_{10} 含量的极限值为 0.5ppm。（×）

253. pH 值越高，酸性越强。（×）

254. 在无机定性化学分析中，一般采用半微量分析法，试液的体积是 1 ~ 10mL。（√）

255. 100mL 硫酸溶液中有 5mL 硫酸，其表示质量百分数。（×）

256. 实验室的蒸馏水长期放置后，会导致导电率升高，有时呈酸性，是因为吸收空气中的氧造成的。（×）

257. 在对变压器油进行色谱分析时，当乙炔和氢的含量较高时，说明变压器内部存在严重过热。（×）

258. 变压器总烃含量注意值为 100ppm，互感器油中乙炔含量注意值为 5ppm。（×）

259. 在高转速高温下，润滑滚动轴承的润滑剂应该用润滑油。（√）

260. 汽轮机油按凝固点分为 32 号、46 号等。变压器油也是按凝固点分为 10 号、25 号等。（×）

261. 过热性故障，一般总烃不高，乙炔和氢含量较高。（×）

262. 放电性故障总烃高，甲烷、乙烯为主要成分，氢也高，乙炔含量大于 10ppm。（×）

263. 一般测试比较干燥、纯净的油时，间隔时间短，绝缘强度高；当测试被杂质、水分污染较严重的油时，间隔时间长，绝缘强度高，但最长不超过 5min。（√）

264. 绝缘油体积电阻是施加于油品接触的两电极之间的交流电压与通过该油品的电流之比。（×）

265. 变压器油牌号的选用，根据 DL/T 1094—2018《电力变压器用绝缘油选用导则》要求，变压器油最低冷态投运温度

（LCSET）应低于月环境平均温度。（√）

266. 同牌号新油与已开始老化或接近运行中指标时也可按任何比例混用，不需做混油试验或油泥析出试验。（×）

267. 取来的油样和气样应尽快进行分析。气样不宜长期保存和运输，保存期不得超过 7 天。（×）

268. 不同牌号新变压器油相混时，要按实际混合比例，进行混合油样的油泥析出试验，合格后方可使用。（×）

269. 气相色谱包括气固色谱、气液色谱、液固色谱和液液色谱。（×）

270. 色谱开机时先开电源后开气源，工作完后也应先关电源后关气源。（×）

271. 离心滤油机是基于油、水、杂质三者的比重不同，通过离心机的记速旋转时产生的不同离心力，使油和水、杂质分离。（√）

272. 测定界面张力时，往试样容器内注油至膜破裂的整个操作，应在 2min 之内完成。（×）

273. 测定闭口闪点时油品的水分小于 0.05%时必须脱水。（×）

274. 测定闭口闪点，点火时应停止搅拌，无论是否闪火，开盖时间均不得超过 1s。（×）

275. 反映油品中酸性物质含量有酸值、水溶性酸碱和皂化值。（√）

276. 在配制所有试剂时，都应用不含二氧化碳的除盐水。（√）

277. 液相锈蚀测定试验时，试棒应用 15 号碳素钢制造，其光洁度达到 9 ~ 10。（√）

278. 在气相色谱分析中，常用的定量分析的计算方法有保留时间、峰高和峰面积。（×）

279. 在规定条件下进行混油的老化试验，以酸值和沉淀物的测定结果相互比较来判断是否合格。（√）

280. 变压器油的绝缘强度测定试验应在室温 15 ~ 35℃，湿度不高于 75%的条件下进行。（√）

281. 互感器油中溶解气体含量的注意值总烃为100ppm，乙炔为3ppm，氢为100ppm。（×）
282. 火花放电总烃不高，乙炔小于10ppm，氢较高。（×）
283. 局部放电总烃不高，氢小于100ppm，甲烷占总烃主要成分。（×）
284. 中和100mL油品中的酸性组分需要的氢氧化钾毫克数称为酸值。（×）
285. 取微水油样时，不得在湿度大于70%的气候下和阴雨天进行。（√）
286. 新变压器油闪点要求大于140℃，运行中变压器油闪点要求大于145℃。（×）
287. 某台变压器油中气体分析含量为氢87ppm、甲烷500ppm、乙烷24ppm、乙烯520ppm、乙炔9ppm，是内部存在放电故障。（×）
288. 过热性故障主要发生在变压器中，而在互感器、套管等其他设备中也常发生。（×）
289. 设备内部故障的判断主要根据油中溶解总烃含量和其产气速率大小进行。（√）
290. 工业上将皂化1g油时所需要氢氧化钾的毫升数称为皂化值。（×）
291. 抗氧化安定性指油品在一定的条件下，抵抗泡沫产生的能力。（×）
292. 羰基含量的测定可反映油品使用初期的氧化情况，并可预测油泥生成的趋势。（√）
293. 当油中含有游离碳，又有水分时，油的击穿电压随碳微粒的增加而增加。（×）
294. 绝缘油击穿电压测试中，测定结果和选用的电极结构无关。（×）
295. 要真实地反映SF_6气体的含水量，在测试时SF_6钢瓶应

倒放。（√）

296. 使用具塞滴定管，转动活塞时不要向外拉或往里推。（√）

297. 变压器的寿命实质上是指变压器使用时间的长短。（×）

298. 色谱包括气固色谱、气液色谱、液固色谱和液液色谱。（√）

299. 汽轮机油在使用中应注意防止水分侵入、防止油温过高、防止电流作用、防止泡沫产生。（√）

300. 判断油品劣化程度以油品的安定性、表面张力、介质损耗来衡量。（√）

301. 绝缘油含水0.02%时耐压下降为干燥时的22%。（√）

302. 当变压器油中溶解气体中的乙炔含量构成总烃中的主要成分，且氢含量高时，这种故障是火花放电。（×）

303. 真空滤油机的净化效率主要取决于真空和油温。（√）

304. 现场油处理设备，应有良好的接地和使用漏电保护器。（√）

305. 色谱分析仪应有良好的接地线。（√）

306. 现场取油样登高作业应系好安全带。（√）

307. 户外设备充装六氟化硫气体时，工作人员应在上风方向操作并戴防护手套。（√）

308. 六氟化硫测定仪接口、管道可不用放在干燥器内。（×）

309. 六氟化硫气体试验个人防护用具宜选用带有隔绝式呼吸器的气密式防护服。（√）

310. 电气设备中使用的六氟化硫对外界环境和生态系统的影响很小，因此可以直接排放或丢弃到环境中。（×）

311. 六氟化硫压缩气体如果被迅速释放扩散，温度会迅速降低，操作人员很可能被喷射出来的低温气体冻伤。（×）

312. 根据DL/T 595—2016要求，当抽查新气时，有任何一项指标的结果不符合标准技术要求时，应重新加倍随机抽样检验。（√）

313. 根据DL/T 595—2016要求，不得使用超期未检验的六氟化硫气体，检验不合格的气瓶不得接收，气瓶应按照GB/T 13004—

2016《钢质无缝气瓶定期检验与评定》的有关规定进行定期检验。（√）

314. 运行人员经常出入的室内六氟化硫气体设备场所，每班至少换气 15min，换气量应达 3 ~ 5 倍的空间体积。（√）

315. 氧气瓶每隔一年应进行一次 225 个大气压的水压试验，过期未经水压试验或试验不合格者不能使用。（×）

316. 氧气瓶应涂黑色，用蓝色标签标明“氧气”字样。（×）

317. 酸值是绝缘油劣化的主要标志，油品酸值增大虽不会影响设备散热性能，但会降低油的绝缘性能。（×）

318. 变压器油老化产生的特征气体主要为 H_2、CO、CO_2、C_2H_2。（×）

319. 天然气在发电系统中主要用作燃料使用，质量标准参照二类天然气质量标准执行。（√）

320. 天然气是以烃为主体的混合气体的统称，比重约 0.65，比空气轻，具有无色、有刺激性气味、无毒之特性。（×）

321. 高位发热量是指规定量的气体在空气中完全燃烧时所释放出的热量。（√）

四、填空题

1. 绝缘材料的介质损耗因数是<u>损耗角的正切</u>。

2. 磷酸酯抗燃油的氧化安定性取决于<u>基础油的成分</u>、合成工艺以及油中是否添加<u>抗氧化剂</u>。

3. SF_6 在常温常压下为无色、无味、无臭、<u>无毒</u>的不可燃气体，其密度约为空气的 5 倍，因而有强烈的<u>窒息性</u>。

4. 采用 GB/T 264—1983 进行酸值测定所选的指示剂为<u>碱性蓝 6B 或甲酚红</u>。

5. 酸值是指中和 1g 石油产品所需的<u>氢氧化钾的毫克数</u>。

6. 采用电位滴定法测定石油产品的酸值所选的滴定剂为<u>氢氧化钾异丙醇标准溶液</u>。

7. 抗燃油中矿物油含量测定是将一定量的试样加碱皂化，再用<u>石油醚</u>萃取其中的矿物油，蒸出溶剂后<u>称重</u>，计算出试样中矿物油含量。

8. GB/T 4945—2002 采用颜色指示剂法测定石油产品的强酸值以<u>甲基橙</u>作为指示剂。

9. 在使用库仑法测定油样中水分含量的过程中碘被<u>二氧化硫</u>

还原。

10. 根据GB/T 4945—2002，一般测定油的酸值加入的指示剂是<u>对－萘酚苯</u>。

11. 所谓绝缘油，是指适用于变压器、电抗器、互感器、套管、油断路器等充油电气设备中，起<u>绝缘</u>、<u>散热冷却</u>和<u>灭弧作用</u>的绝缘介质。

12. 磷酸酯抗燃油氯含量对设备具有腐蚀性，采用高温燃烧微库仑法测定磷酸酯抗燃油氯含量时滴定池中的反应是<u>$Ag^{+}+Cl^{-} \rightarrow AgCl\downarrow$</u>，反应消耗的银离子由<u>库仑计的电解作用</u>产生。

13. 变压器等充油电气设备内部的故障一般可分为两大类，即<u>过热故障</u>和<u>放电故障</u>。

14. 根据GB/T 511—2010，测定含添加剂润滑油的机械杂质时，采用<u>甲苯</u>作为溶剂。

15. 闪点是指实验火焰引起油品<u>蒸气</u>着火，并使火焰蔓延至液体表面的最低温度，修正到101.3kPa大气压下。

16. 测定SF_6气体水分所用的管道，应用吸湿率低的<u>不锈钢管</u>或<u>聚四氟乙烯</u>管路，且要保持清洁干燥，减少测试误差。

17. 在一定条件下（如温度、酸性物质催化）磷酸酯抗燃油会与水作用发生水解，且水解产生的酸性物质会对油的进一步水解产生催化作用，完全水解后的最终产物为<u>磷酸</u>和<u>酚类物质</u>。

18. 根据 GB/T 264—1983，在测量油品酸值时，将 95% 的乙醇 50mL 在不断摇动下回流 5min 的目的是去除溶于乙醇中的二氧化碳。

19. 根据 GB/T 264—1983，在测量油品酸值时，若使用甲酚红做指示剂，则达到滴定终点时，溶液的颜色应由黄色变成紫红色。

20. 在测定油品运动黏度之前，必须将黏度计用溶剂油或石油醚洗涤，如有污垢就用铬酸洗液、水、蒸馏水或 95% 乙醇依次洗涤。

21. 测试油品运动黏度时，将黏度计调整成为垂直状态，可利用铅锤线检测毛细管的垂直情况，试验的温度偏差必须精确到 ±0.1 ℃。

22. 测定变压器油水溶性酸，量取 50mL 油样倒入锥形瓶内，加入刚煮沸过的蒸馏水 50mL，在 70 ~ 80℃下摇动 5min。

23. 在室内的六氟化硫设备安装场所的地面应安装带报警装置的氧量仪和六氟化硫浓度仪，空气中氧气含量应大于 18%，空气中六氟化硫气体含量达到 1000μL/L 时发出警报。

24. 液相锈蚀实验中，试验温度为 60℃，试验周期为 24h。

25. 液相锈蚀试验的搅拌杆距离装有油品的烧杯中心 6mm，叶片距烧杯底部不超过 2mm。

26. 运行中汽轮机油破乳化度的测定需要在量筒中装入 40mL 油

样和 40mL 蒸馏水。

27. 油品破乳化度测试时，若计时时间超过 30min，油水分界面间乳化层体积依然大于 3mL 时，则停止试验，该油的破乳化时间记为 大于 30min 。

28. 在破乳化度实验中，如没有明显的破乳化层，只有完全分离的上下两层，以从停止搅拌到上层体积达到 43mL 时所需的时间为该油品的破乳化时间。

29. 根据 DL/T 421—2009《电力用油体积电阻率测定法》，电力用油是指规定温度下，测试电场强度为 250V/mm ± 50V/mm ，充电时间为 60s 的测定值。

30. 用旋转氧弹法测定油品氧化安定性，设定的试验温度：汽轮机油为 150℃ ，绝缘油为 140℃ 。

31. 氧化安定性实验中，氧弹充入氧气的压力应为 620kPa 。

32. 在氧化安定性实验中，所选用铜丝的长度应为 3m 。

33. 绝缘油介质损耗因数的测量应在 90℃ 下进行。

34. 在测量油品的击穿电压时，电极间距应调节为 2.5mm ± 0.05mm 。

35. GB/T 261—2008《闪点的测定　宾斯基—马丁闭口杯法》适用于闪点高于 40℃ 的样品。

36. 在润滑油空气释放值测定实验中，停气后以油品中雾沫空气的体积减少到0.2%时所需的时间为气泡分离时间。

37. 在润滑油空气释放值测定实验中，通入空气的时间应为7min。

38. 测定倾点过程中，从第一次观察温度开始，每降低3℃都应将试管从浴中取出，将试管充分倾斜以确定油品是否流动。

39. 进行油品老化实验时，老化试验箱温度要求升到115℃并恒温72h。

40. 进行开口杯老化试验，对于变压器油品，分别称取运行油样、补充油样和混合油样各400g。

41. 对于汽轮机油，进行开口杯老化试验时，分别称取运行油样、补充油样和混合油样各200g。

42. 对于磷酸酯抗燃油，进行开口杯老化试验时，分别称取运行油样、补充油样和混合油样各200g。

43. 根据GB/T 25961—2010，在腐蚀性硫实验中，应将铜试片弯成V形，夹角呈60°。

44. 凝点测定的重复性要求是测定的两个结果之差不允许超过2℃。

45. 观察凝点测定是否达到预期温度，通过将试管倾斜45°，经过1 min，观察液面是否移动。

46. 油品泡沫特性程序Ⅰ所需油样为190mL，通气时间为 5min±3s ，记录泡沫的体积应精确至 5mL 。

47. 根据GB/T 7305—2003，测定40℃运动黏度为28.8～90mm²/s的油品，试验温度为 54℃ ；超过90mm²/s的油品，试验温度为 82℃ 。

48. 根据GB/T 511—2010，测定机械杂质的实验中，将带滤纸的敞口的称量瓶或微孔玻璃过滤器放在烘箱内，在 105℃ 下干燥不少于 45min ，再放在干燥器中冷却 30min 后进行称量。

49. 根据GB/T 511—2010，在测定机械杂质的实验中，重复干燥直至连续两次称量间的差数不超过 0.0004g 。

50. 根据DL/T 703—2015《绝缘油中含气量的气相色谱测定法》，采用气相色谱法测定绝缘油中的含气量过程中，采用恒温定时振荡器控制温度为 50℃ 。

51. 根据DL/T 703—2015，采用气相色谱法可以测定的绝缘油中气体组分有 O_2 、 N_2 、 CO 、 CO_2 、 H_2 、 CH_4 、 C_2H_4 、 C_2H_6 、 C_2H_2 。

52. 采用气相色谱法测定绝缘油中的含气量时，采用氩气的纯度不应小于 99.99% ，采用氢气的纯度不应小于 99.99% 。

53. 根据GB/T 264—1983，在测量油品酸值时，自锥形瓶停止加热到滴定达到终点的时间不应超过 3 min。

54. 根据GB/T 25961—2010，在腐蚀性硫实验中，需让油品在试样瓶中保持__48 h__。

55. 根据 GB/T 12022—2014，在六氟化硫酸度测定中，吸收六氟化硫气体总量为 30L，通气完毕后加混合指示剂，用硫酸标准溶液滴定，溶液由__蓝绿色__变为__红色__为终点。

56. 怀疑主磁回路或漏磁回路存在故障时，色谱分析可缩短到__每周一次__；仅怀疑导电回路存在故障时，宜缩短到至少__每天一次__。

57. 抗燃油系统常规监督测试的油样应从__油箱底部__的取样口取样，取样前油箱中的油应在电液调节系统内至少正常循环__24h__。

58. 新机组投运 24h 后，应检测汽轮机油外观、色度、__颗粒污染等级__、水分、泡沫特性及__抗乳化性__。

59. 对于测得的体积电阻率大于 $1.0\times10^{10}\Omega\cdot m$ 的结果，相对误差应小于__25%__。

60. 油样应尽快进行分析，做油中溶解气体分析的油样不得超过__4__天 做油中水分含量的油样不得超过__7__天。

61. 运行中汽轮机油监督中清洁度应小于 NAS 1638__8 级__，破乳化度值应小于__30min__。

62. 抗燃油系统中精密过滤器的绝对过滤精度应在__3μm__以内，以除去油中的机械杂质；保证运行油的颗粒污染度不大于 SAE AS4059F__6 级__。

63. 高温燃烧微库仑法测定磷酸酯抗燃油的氯含量的转化率要求在<u>100%±20%</u>范围内。

64. SF_6气体在气瓶中存放半年以上时，使用单位在将这种气体充入SF_6气室以前，应复检其中的<u>湿度</u>和<u>空气含量</u>，指标应符合新气标准。

65. 气相色谱开机时先开<u>气源</u>后开<u>电源</u>，工作完后应先关电源后关气源。

66. SF_6气体的密度大约是空气的5倍，如氧气含量低于<u>16%</u>，在此区域内工作的人员会产生窒息。

67. 根据DL/T 595—2016，存储、使用SF_6气体的场所应<u>通风良好</u>，室内场所应有底部强制通风装置和<u>六氟化硫泄漏报警装置</u>。

68. 根据DL/T 595—2016，SF_6验收合格后，应将气瓶转移到<u>阴凉、干燥、通风</u>的专门场所直立存放。

69. 根据DL/T 595—2016，使用后的SF_6气瓶应<u>关紧阀门</u>，戴上瓶帽，防止<u>气体泄漏</u>。

70. SF_6断路器是用SF_6作为<u>绝缘</u>和<u>灭弧</u>介质的。

71. 变压器故障类型为火花放电，其主要特征气体为<u>氢气</u>和<u>乙炔</u>。

72. 运行中汽轮机油要求水分控制<u>≤100</u> mg/L，洁净度

≤ 8 级。

73. 根据 DL/T 571—2014，新磷酸酯抗燃油水分要求 ≤ 600 mg/L，运行中磷酸酯抗燃油颗粒污染度 ≤ 6 级。

74. 油品随烃类分子量的增大，其黏度也 增大 。在所有烃中，烷烃 的黏度最小。

75. 单位体积内油品的 质量 称为油品的密度，单位为 g/cm^3 或 g/mL 或 kg/m^3 。油品在加热升温时，密度 减小 。

76. 0℃矿物绝缘油要求其油品倾点最高为 −10℃ ，油品中的胶质等表面活性物质的存在使凝点 降低 。

77. 油品含水量增大，其闪点测定结果会 偏高 ；当环境大气压力降低，油品蒸发快，则闪点测定结果 偏低 ；测试闪点时，加热速度快，则测定结果 偏低 。

78. 油品出厂前一般含有水分，其主要来源是 外部侵入 和 内部自身氧化 产生。

79. 水在油中存在的状态主要有 游离水 、溶解水 、乳化水 。

80. 颗粒污染检测方法主要有 自动颗粒计数器 、显微镜法 和 称重法 。

81. 影响界面张力的主要因素为 油品分子间作用力 、油品表面活性物质 、温度 。

82. 各种烃类的苯胺点的高低顺序是 芳香烃＜环烷烃＜烷烃 。

83. 产生系统误差的原因来自 方法误差 、仪器误差 、试剂误差 、操作误差 四个方面。

84. 化学上把能抵抗外加少量强酸或强碱，而维持 pH 值基本不发生变化的溶液称为 缓冲溶液 。

85. 油中的机械杂质是指存在于油品中所有不溶于溶剂（汽油、苯）的 沉淀状态 或 悬浮状态 的物质。

86. 变压器主要由三个基本部件组成，分别为 一次绕组 、二次绕组 和 铁心 。

87. 按照加工精制所用石油组成的成分不同，绝缘油分为 环烷基油 、石蜡基油 和 中间基油 三种。一般采用 碳型结构 来区分绝缘油的基属。

88. 热导检测器是根据载气中混入其他气态物质时 热导率 发生变化的原理制成的。

89. 液体的体积电阻率测定值与测试 电场强度 、充电时间 、液体温度 等测试条件有关。

90. 库仑法测定水分过程中，碘被 二氧化硫 还原生成 氢碘酸 和 甲基硫酸氢吡啶 。

91. 采用氧弹法测定抗燃油氯含量过程中发生的化学反应为 $Hg^{2+}+2Cl^{-} \rightarrow HgCl_2$ 。

92. 油品在低温下失去流动性的原因有<u>黏温凝固</u>和<u>构造凝固</u>。

93. 运动黏度是指温度为 t℃时的<u>动力黏度</u>与<u>密度</u>的比值。

94. 绝缘油击穿电压测试时，含水量越大，击穿电压<u>越小</u>。

95. 油中含有微量气泡、游离碳和老化后产物会使击穿电压<u>降低</u>。

96. 大气压力对油品的闪点测定有影响，气压越高，闪点<u>越高</u>。

97. 油品泡沫特性试验的水浴温度应恒定在<u>24℃±1℃</u>、<u>93.5℃±1℃</u>，空气流量应稳定在<u>94mL/min±5mL/min</u>。

98. 废油再生的方法较多，按净化原理可分为三种：<u>物理净化法</u>、<u>物理和化学净化法</u>、<u>化学再生法</u>。

99. 油质劣化一般经过三个阶段：<u>诱导期阶段</u>、<u>反应期阶段</u>、和<u>迟滞期阶段</u>。

100. 发生自燃现象时的<u>最低温度</u>，即为被测油品的自燃点。

101. 用注射器将<u>0.07mL</u>的待测油品快速注入加热到一定温度的<u>200mL</u>开口耐热锥形烧瓶内，当油品在烧瓶里燃烧产生火焰时，表明试验发生了自燃。

102. 变压器油中<u>芳香</u>烃的氧化能力最小。

103. 油质深度劣化的最终产物是<u>油泥</u>。

104. 局部放电产气特征是<u>氢气</u>组分最多，其次是<u>甲烷</u>组分。

105. 测倾点时，将试管置于<u>水平位置5s</u>，油品不移动，记录此时观察到的温度计的读数。

106. 风电机齿轮油一般要求定期项目检测取样时，应从<u>过滤器进口处</u>取样。

107. 根据GB/T 25961—2010，在测定绝缘油中腐蚀性硫的试验中，将处理好的铜片放入盛有<u>220mL</u>绝缘油的密封厚壁耐高温试验瓶中，在<u>150℃</u>下保持<u>48h</u>。

108. 采用裹绝缘纸铜扁线法测定腐蚀性硫，将15mL油样装入20mL顶空瓶里，放入规定尺寸的包裹一层绝缘纸的铜扁线，密封后在<u>150℃±2℃</u>下进行<u>72h</u>试验。

109. 当油中糠醛含量达到4mg/L及以上，表明绝缘纸<u>严重老化</u>。

110. 齿轮油的<u>极压抗磨性</u>差会造成齿面产生擦伤、胶合、点蚀及磨损。

111. 对于变压器油，老化后各油样进行<u>酸值</u>、<u>油泥</u>和<u>介质损耗因数</u>的测试。

112. 对于汽轮机油，老化后各油样进行<u>酸值</u>和<u>油泥</u>的测试。

113. 对于磷酸酯抗燃油，老化后各油样进行<u>酸值</u>、<u>油泥</u>和<u>体</u>

积电阻率的测试。

114. 测定空气释放值时，通气过程中要保持空气温度偏差控制在试验温度的 ±5℃ 范围内。

115. 破乳化度检测过程中，油样应恒温至少 20 min，水浴温度应稳定在 54℃ ±1℃ 。

116. 当破乳化时间在 0 ~ 10min 时，两次平行测定结果的差值不大于 1.5min 。

117. 抗燃油自燃点的两次测试结果的重复性应小于 10℃ 。

118. 绝缘油的界面张力是指 测定油 与 不相溶的水 的界面产生的张力。

119. 油泥析出试验采用的溶剂是 正戊烷 。

120. SF_6 气体湿度要求：有电弧分解物的气室湿度 ≤ 300 μL/L ，无电弧分解物的气室湿度 ≤ 500 μL/L 。

121. 油品中含有的水分超过 0.05％ 时，在测定闪点之前必须脱水。

122. 检查氢火焰是否点火成功的方法是用光亮的冷金属面放在氢火焰出口处，观察是否有水蒸气生成 ，或者是通过改变氢气流量 观察相对应的基线是否有波动 。

123. 测定油品水溶性酸时，所用溶剂、蒸馏水、乙醇都必须为中性。

124. 闪点与最初设定点火温度的差值应在18～28℃范围内，超出则认为无效。

125. 抗燃油体积电阻率的测定应在20℃条件下进行，绝缘油应在90℃条件下进行。

126. 色谱分析时，进样操作要做到“三快”、“三防”，“三快”是指进针要快、推针要快、取针要快，“三防”是指防漏出进样气、防进样气失真、防操作条件变化。

127. 黏度计选用应满足试样的流动时间一般不少于200s，内径0.4mm的黏度计流动时间不少于350s。

128. 同一油品进行旋转氧弹试验，两次平行测定的最高压力之差不得大于35kPa，否则试验无效。

129. 新投运或大修后66kV及以上的变压器至少应在投运后1天、4天、10天、30天各做一次油中气体组分检测。

130. 界面张力与温度有关，测试时油和水的温度要保持在25℃±1℃。铂丝圆环要保证每一部分均在同一平面上。

131. 根据DL/T 1206—2013，高温燃烧微库仑分析仪参比电极是由镀银铂丝插在饱和乙酸银电解液中构成。

132. 根据DL/T 1206—2013，高温燃烧微库仑分析仪的进样器由石英制造。

133. 根据 DL/T 1206—2013，高温燃烧微库仑分析仪所用的微量注射器应精确到<u>0.1μL</u>。

134. 根据 DL/T 1206—2013，在使用高温燃烧微库仑分析仪过程中，应随时注意添加电解液，调整液面高度在电极上边缘<u>5 ~ 10mm</u>。

135. 根据 DL/T 421—2009，体积电阻率的报告结果应<u>保留两位有效数字</u>。

136. 根据 DL/T 433—2015《抗燃油中氯含量的测定　氧弹法》，使用<u>碱性过氧化氢溶液</u>吸收抗燃油在氧弹中燃烧生成的氯化氢气体。

137. 根据 DL/T 433—2015，使用氧弹法测定抗燃油中的氯含量时，使用硝酸汞标准溶液滴定时，所使用的指示剂为<u>二苯偶氮碳酰肼</u>。

138. 根据 DL/T 433—2015，测定氯含量所用的氧弹应定期进行水压试验，每次水压试验后氧弹的使用时间不宜超过<u>2 年或 1000 次</u>。

139. 根据 DL/T 433—2015，使用氧弹法测定抗燃油中的氯含量时，使用硝酸汞标准溶液滴定冲洗液时的滴定终点为<u>淡红色</u>。

140. 根据 DL/T 433—2015，使用氧弹法测定抗燃油中的氯含量时，收集氧弹的冲洗液应调节其 pH 值为<u>3 ~ 4</u>后，再加入二苯偶氮碳酰肼指示剂。

141. 根据 DL/T 433—2015，使用氧弹法测定抗燃油中的氯含量时，在坩埚中应称取样品0.4 ~ 0.7g。

142. 磷酸酯抗燃油的抗燃性一般用自燃点指标表征。

143. 磷酸酯抗燃油的水解安定性主要取决于基础油的成分和分子结构。

144. 根据 GB/T 261—2008，已知观察闪点的计算公式为 $T_c = T_o + 0.25(101.3-p)$，当观察闪点为 263℃，大气压力为 104.1kPa 时，报告闪点为262℃。

145. 根据 GB/T 265—1988，使用玻璃毛细管黏度计测量油品的流动时间时，应至少测量3次。

146. 根据 GB/T 265—1988，使用玻璃毛细管黏度计测量油品的运动黏度时，油品的运动黏度为黏度计的毛细管常数与流动时间的乘积。

147. 根据 GB/T 265—1988，使用的温度计应使水银球的位置接近毛细管中央点的水平面，并使温度计上要测温的刻度位于恒温浴的液面上10mm处。

148. 根据 GB/T 507—2002，绝缘油耐压仲裁试验时试样温度应为20℃ ±5℃。

149. 被冷却液体开始出现蜡晶体而使液体混浊时的温度称为浊点。

150. 根据 GB/T 1995—1998，使用内插法计算油品的黏度指数时，*L* 是指：与试样 100℃运动黏度相同，黏度指数为 0 的油品在 40℃时的运动黏度。

151. 根据 GB/T 1995—1998，通过内插法计算得到某油品的黏度指数为 119.4 时，报告结果为 120。

152. 根据 GB/T 3536—2008《石油产品闪点和燃点的测定　克利夫兰开口杯法》，在同一实验室，由同一操作者使用同一仪器，按相同方法，对同一油品连续测定的两个试验结果之差对于闪点不能超过 8℃。

153. 根据 GB/T 3536—2008，在不同实验室，由不同操作者使用不同的仪器，按相同方法，对同一油品测定的两个单一、独立的结果之差对于燃点不能超过 14℃。

154. 根据 GB/T 5654—2007，用该标准方法测得的电阻率并不是油品真正的电阻率，是因为当施加直流电压后导致电荷迁移，使液体的起始特征发生随时间而变化。

155. 根据 GB/T 7600—2014《运行中变压器油和汽轮机油水分含量测定法（库伦法）》，使用微库仑法测量油中的含水量，当样品含水范围为 21 ~ 40mg/L 时，两次测试结果的差值不应超过 4 mg/L。

156. 根据 GB/T 7602.3《变压器油、汽轮机油中 T501 抗氧化剂含量测定法　第 3 部分：红外光谱法》，使用红外光谱法测量油中 T501 抗氧化剂含量时，T501 抗氧化剂的最大吸收峰出现在波数 3650cm^{-1} 处。

157. 根据 GB/T 7605—2008《运行中汽轮机油破乳化度测定法》，测定油品破乳化度时，搅拌桨转速应保持在1500r/min ± 50r/min。

158. 根据 GB/T 14039—2002《液压传动　油液固体颗粒污染等级代号》，某油品固体颗粒污染等级报出结果为 —/19/ ≥ 7，其中“—”表示：不需要计数，“≥”表示：计数值小于 20，统计的可信度较低。

159. L-TSA 是指含有适当抗氧剂和腐蚀抑制剂的精制矿物油型汽轮机油。

160. 根据 GB 11118.1《液压油（L-HL、L-HM、L-HV、L-HS、L-HG）》，液压油分为 15、22 等类，依据的是其运动黏度。

161. 油对水的饱和溶解量随温度的升高而增大。

162. 使用库仑法测定油品中含水量时，所采用卡氏试剂中的吡啶的主要作用是中和反应过程中生成的酸，使反应向右进行。

163. 当电容器的介质仅由一种绝缘材料组成时，损耗角是指外施电压与由此引起的电流之间的相位差偏离 π/2 的弧度。

164. 动力黏度是液体在一定剪切应力下流动时内摩擦力的量度。

165. 运动黏度是液体在重力作用下流动时内摩擦力的量度。

166. 根据 NB/SH/T 0870—2013《石油产品的动力黏度和密度的测定及运动黏度的计算　斯塔宾格黏度计法》，使用斯塔宾格黏度计测量油品密度，以 kg/m^3 为单位时应保留<u>整数</u>。

167. 根据 NB/SH/T 0870—2013，清洗斯塔宾格黏度计测量池时，通入干燥空气或氮气吹扫，当空气密度值小于<u>0.0020g/mL</u>，表面测量池是清洁或干燥的。

168. 使用红外光谱法测定油品的结构族组成时，应记录在波数<u>720cm^{-1}</u>与<u>1610cm^{-1}</u>的吸光度。

169. 根据 DL/T 929—2018《矿物绝缘油、润滑油结构族组成的测定　红外光谱法》，当使用红外光谱法测定油品的结构族组成时，C_A 是指油样中<u>芳香碳</u>的含量，C_N 是指油样中<u>环烷碳</u>的含量。

170. 根据 DL/T 929—2018，液池程长采用<u>干涉条纹法</u>测定。

171. 根据 DL/T 929—2018，当使用红外光谱法测定油品的结构族组成时，当 C_A 大于<u>25%</u>时，需要用石蜡油稀释后再测定。

172. 根据 GB/T 14541—2017，对于溶剂精制矿物油，新油验收时要求其 150℃旋转氧弹的测定值<u>≥ 300min</u>。

173. 根据 GB/T 14541—2017，当新油注入设备后，在系统冲洗过滤过程中，应取样测试<u>颗粒污染等级</u>，直至测试结果达到要求，方能停止油系统的连续循环。

174. 根据 GB/T 14541—2017，投运一年内正常运行的燃气轮机，运动黏度的试验周期为<u>三个月</u>。

175. 根据 GB/T 14541—2017，需要补充油时，补油前应对运行油、补充油和混合油样进行<u>油泥析出</u>试验。

176. 根据 GB/T 14541—2017，需要补加不同品牌、不同质量等级的油品时，除应对油品进行质量全分析、油泥析出试验外，还应对运行油、补充油和混合油样进行<u>开口杯老化</u>试验。

177. 根据 GB/T 14541—2017，涡轮机油运行中因油质劣化需要换油时，应提高油温至<u>60℃</u>，进行油系统循环。

178. 使用旋转氧弹法测定油品氧化安定性时，氧弹体若经水洗仍可闻到酸味，要用<u>1% 的氢氧化钾醇溶液</u>清洗。

179. 使用旋转氧弹法测定油品氧化安定性时，在氧弹体和盛样器之间加入 5mL 水是为了<u>帮助热传递</u>。

180. 根据 SH/T 0193—2008《润滑油氧化安定性的测定 旋转氧弹法》，使用旋转氧弹法测定油品氧化安定性时，标准转动速度为<u>100r/min ± 5r/min</u>。

181. 根据 GB/T 14541—2017，油设备验收时，对牢固附着在局部受污表面的清漆、胶质或其他不溶解污垢的清除，所选用的清洁方法为<u>有机溶剂或化学清洗法</u>。

182. 根据 GB/T 14541—2017，含有非 T501 的抗氧化剂或与 T501 复合抗氧化剂的新涡轮机油，如果抗氧化剂含量低于新油的<u>30%</u>，则应进行补加。

183. 根据 GB/T 14541—2017，如油质检测液相锈蚀不合格，则应进行补加<u>T746 防锈剂</u>。

184. 根据 GB/T 14541—2017，汽轮机油在润滑系统主油箱内的滞留时间至少要有<u>8min</u>。

185. <u>汽轮机油严重度</u>表示油每年丧失的抗氧化能力占原有新油抗氧化能力的百分率。

186. 对于高严重度的润滑油系统，需要<u>经常补充油或更换油</u>。

187. 根据 DL/T 432—2018《电力用油中颗粒度测定方法》，油泥析出的定性测量方法要求称取摇匀的油样<u>25g</u>置于 100mL 具塞量筒中。

188. 可燃物质与空气的混合物在一定温度下在规定时间（5min）内，产生明显火焰的现象称为<u>自燃现象</u>。

189. 根据 DL/T 571—2014，磷酸酯抗燃油取样前油箱中的油应在电液调节系统内至少正常循环<u>24h</u>。

190. 根据 DL/T 571—2014，若测得磷酸酯抗燃油的密度小于 $1130kg/m^3$ 或大于 $1170kg/m^3$，其原因可能是<u>被矿物油或其他液体污染</u>。

191. 根据 DL/T 571—2014，一旦误服磷酸酯抗燃油，应<u>立即采取措施将其呕吐出来</u>，然后到医院进一步诊治。

192. <u>氢气湿度</u>是指氢气中的水蒸气含量。

193. 根据 DL/T 705—1999《运行中氢冷发电机用密封油质量标准》，运行中氢冷发电机用密封油的水分的质量标准为 ≤ 50mg/L 。

194. 溶解气体含量分析中，总烃是指 CH_4、C_2H_6、C_2H_4、C_2H_2 四种烃类特征气体含量的总和。

195. 根据 DL/T 1461—2015，运行中齿轮油水分的质量标准为 ≤ 1000mg/L ，运行中齿轮油酸值增加值的质量标准为 ≤ 0.8mgKOH/g 。

196. 油循环期间每周取样测试颗粒度，要求颗粒污染度达到 SAE AS4509F 5 级以内，方可进行系统调试试验。

197. 对于运行油，其含量低于 0.15% 时，应进行补加 T501 抗氧化剂。

198. 对密封油系统与润滑油系统共用油箱的机组，应从 冷油器出口处 取样化验。

199. 对密封油系统与润滑油系统分开的机组，应从 密封油箱底部 取样化验。

200. 图 4–1 表示油品烃类吸氧量和氧化时间的关系，纵坐标表示吸氧量，横坐标表示氧化时间。图 4–1（a）表示 吸氧量和氧化时间成正比 ；图 4–1（b）表示 先自动催化、后自动抑制 。

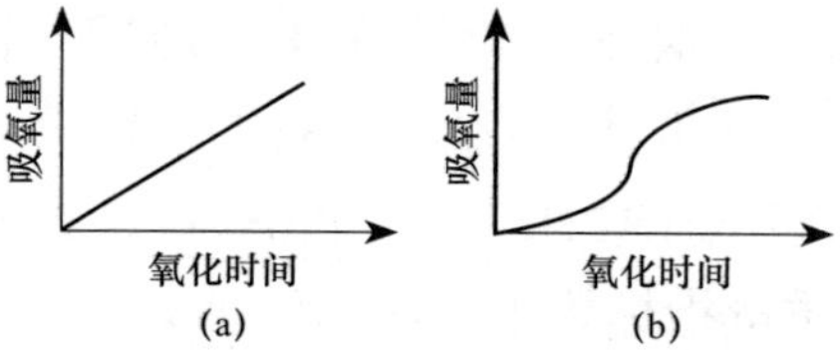

图 4-1 油品烃类吸氧量和氧化时间的关系

201. 影响油品氧化的主要因素为<u>油的化学组成</u>、<u>温度</u>、氧气浓度、催化剂、压力及氧化时间、金属及绝缘材料、电场等。

202. 油品抗乳化性能的质量指标是<u>破乳化度</u>，其时间越短，表明油品抗乳化能力<u>越强</u>。

203. 影响油品体积电阻率的测定因素主要包括<u>电场强度</u>、施加电压的时间、温度，其温度升高，体积电阻率<u>下降</u>。

204. 影响介质损耗因素最主要的因素是<u>水分</u>，其极性较强，受电场作用容易极化而增大油的电导电流，促使油的介质损耗因素<u>增大</u>。

205. 通常在 60 ~ 120℃下，其他因素一致，净化过度的油跟净化不够的油相比，介质损耗因素<u>更大</u>。

206. 油品黏度偏低使电泳电导增加，导致介质损耗因数<u>升高</u>；热油循环使油的带电倾向增加，导致介质损耗因数<u>升高</u>。

207. 影响绝缘油击穿电压测定的因素较多，其中<u>水分</u>是影响击穿电压最灵敏的杂质，其是一种极性分子，油品击穿电压随其含量增加而<u>下降</u>。

208. 变压器新油，经脱气和过滤净化处理后，针对 220kV 设备电压等级，击穿电压要求 不低于 45kV ；针对 500kV 及以上设备电压等级，击穿电压要求 不低于 65kV ；针对 220kV 设备电压等级，运行油质量指标要求 不低于 40kV 。

209. 在 25℃下，投运前的油的界面张力质量指标为 不低于 35mN/m ，运行油界面张力质量指标为 不低于 25mN/m 。

210. 根据运行中变压器油质量标准，投入运行前的油的酸值 不大于 0.03mgKOH/g ，运行油的酸值 不大于 0.1mgKOH/g 。

211. 针对 220kV 等级运行变压器油中水分质量指标要求 不大于 25mg/L 。若水分超标，其可能的三种原因分别为 密封不严 、运行温度过高 、超负荷运行 。

212. 运行变压器油出现油泥与沉淀物超标，其可能的原因为 油质老化 、油被污染 。

213. 分光光度计测定油中 T501 抗氧化剂，以 石油醚 、乙醇 做溶剂，磷钼酸 作发色剂。

214. 高效液相色谱法测定油中 T501 抗氧化剂，以 甲醇 为萃取剂，当 T501 抗氧化剂的含量 低于 0.15% 时应及时补加。

215. 油中 T501 抗氧化剂含量的测定检测方法主要有 分光光度法 、液相色谱法 、红外光谱法 。

216. 气体的自持放电特性取决于气体的种类、压强、电极材料、电极形式、电极温度等许多因素，因条件不同，放电采取不同的形式，可分为<u>辉光放电</u>、<u>电晕放电</u>、<u>火花放电</u>、<u>电弧放电</u>、<u>沿面放电</u>等主要形式。

217. 过热故障是由于有效热应力所造成的绝缘加速劣化，按过热温度分为<u>低温过热</u>、<u>中温过热</u>、<u>高温过热</u>。

218. 电弧放电的故障特征气体主要是<u>C_2H_2</u>和<u>H_2</u>，其次是大量的<u>C_2H_4</u>和<u>CH_4</u>。

219. 当发生局部放电时，其特征气体组分含量依放电能量密度不同而不同，主要成为<u>H_2</u>，其次为<u>CH_4</u>；当放电能量密度增高时，会出现<u>C_2H_2</u>。

220. 固体绝缘材料纤维板热分解的气体组分主要是<u>CO</u>和<u>CO_2</u>。

221. 气相色谱仪一般包括四大部分，分别为<u>载气系统</u>、<u>色谱柱</u>、<u>检测器</u>、<u>数据处理系统</u>。

222. 利用气相色谱分析油中溶解气体含量，各组分在色谱柱中的运动速度不同，是根据各组分的<u>吸附或溶解能力不同</u>，也可以称为<u>分配系数不同</u>。

223. 利用气相色谱分析仪检测油中溶解气体含量，其气路由<u>载气</u>、<u>氢气</u>和<u>空气</u>三路气体组成。

224. 油中溶解气体分析，通常采用<u>玻璃注射器</u>取样，油样保存时间不得超过<u>4</u>天。

225. 气相色谱定量分析中，校正因子表示检测器灵敏度的高低，其数值越小，灵敏度<u>越高</u>。

226. 针对220kV及以下电气设备，运行中变压器和电抗器溶解气体含量中总烃的注意值为<u>150μL/L</u>，氢气的注意值为<u>150μL/L</u>，乙炔的注意值为<u>5μL/L</u>。

227. 三比值法主要从五种特征气体中选用两种溶解度和扩散系数相近的气体组分组成<u>C_2H_2/C_2H_4</u>、<u>CH_4/H_2</u>、<u>C_2H_4/C_2H_6</u>。

228. 新变压器纸绝缘的聚合度大多在1000左右，当聚合度下降到<u>250</u>时，说明纸深度老化；当聚合度下降到<u>150</u>时，应考虑变压器退出运行。

229. 油气分离的方法主要有<u>膜渗透脱气</u>、<u>真空脱气</u>、<u>顶空脱气</u>。

五、问答题

1. 简述产生系统误差的原因。

答：（1）方法误差是由分析方法本身所引起的。

（2）仪器误差是由使用的仪器本身精密度不够引起的。

（3）试剂误差是由所用蒸馏水含有杂质或所使用的试剂不纯引起的。

（4）操作误差是由于分析人员掌握分析操作的条件不熟练，个人观察器官不敏锐和固有的习惯所致。

2. 如何减小分析过程中的误差？

答：（1）选择合适的分析方法。

（2）减小测量误差，保证分析结果的准确度。

（3）增加平行测定次数，减小随机误差。

（4）消除测量过程中的系统误差。

3. 如何消除测量过程中的系统误差？

答：（1）对照试验。

（2）空白试验。

（3）校正仪器。

（4）分析结果的校正。

4. 什么是乳浊液？

答： 液体里分散着不溶于水的小液滴，其比重小于水，经过静置后逐渐浮起，分为上下两层形成的混合物，此液体为乳浊液。如将矿物油和水注入试管中，用力振荡以后得到乳状浑浊的液体。

5. 什么是缓冲溶液?

答: 由弱碱和它的共轭酸所组成的混合溶液能抵抗外加的少量强酸或强碱，保持溶液的 pH 值基本不变。例如，NH_3–NH_4Cl 混合液中加入少量强酸或强碱，溶液的 pH 值改变很小。化学上把这种抵抗外加少量强酸或强碱，而维持 pH 值基本不发生变化的溶液称为缓冲溶液。缓冲溶液所具有的抵抗外加少量强酸或强碱的作用称为缓冲作用。

6. 什么是滴定分析法?

答: 滴定分析法是定量化学分析中最重要的分析方法，主要包括酸碱滴定法、络合滴定法、氧化还原滴定法和沉淀滴定法等。滴定分析法是将一种已知准确浓度的滴定剂（即标准溶液）滴加到被测物质的溶液中，直到所加的滴定剂与被测物质按一定的化学计量关系反应为止，然后根据所消耗标准溶液的浓度和体积，计算被测物质的含量。

7. 滴定反应具备哪些条件?

答:（1）反应必须定量完成，没有副反应。

（2）反应能够迅速地完成。

（3）共存物质不干扰主要反应，或能用适当的方法消除干扰。

（4）有比较简便可靠的方法确定滴定终点。

8. 滴定分析方法有哪些分类?

答: 按方式分类，可分为直接滴定法、返滴定法、置换滴定法、间接滴定法。

按化学反应类型不同，可分为酸碱滴定法、沉淀滴定法、络合滴定法、氧化还原滴定法。

9. 什么是酸碱滴定法?

答: 酸碱滴定法是以酸碱反应为基础的滴定分析法，又称中和法；是以质子传递反应为基础的滴定分析法，不仅有 H^+ 与 OH^- 结合成水的反应，还有与 H^+ 或 OH^- 结合成难离解的弱电解质的反应，在适当条件下，都可以进行酸碱滴定。

10. 在滴定分析中，怎样正确读取滴定管的读数?

答:（1）在读数时，应将滴定管垂直夹在滴定管夹上，并将管下端悬挂的液滴除去。

（2）透明液体读取弯月面下缘最低点处；深色液体读取弯月面上缘两侧最高点。

（3）读数时，眼睛与液面在同一水平线上，初读与终读应同一标准。

（4）装满溶液或放出溶液后，必须静置片刻再读数。

（5）每次滴定前，液面最好调节在零刻度处。

11. 滴定管使用前应做哪些准备工作?

答:（1）滴定管必须清洗干净。

（2）仔细检查滴定管有无渗漏情况。

（3）装入溶液前，先用蒸馏水清洗后再用溶液润洗。

（4）倒入溶液后检查滴定管内是否存在气泡。

（5）调整液面至零点。

12. 什么是酸碱指示剂?

答: 酸碱指示剂一般是有机弱酸或弱碱，其酸式及共轭碱式具有不同的颜色。当溶液的 pH 值改变时，指示剂失去质子转化为碱式或者获得质子转化为酸式，由于结构上的变化，进而引起颜色的变化，故可用来指示滴定的终点。

13. 什么是基准试剂？应具备哪些条件？

答： 在分析化验中，凡能够直接配制成标准溶液的纯物质或已经知道准确含量的物质称为基准试剂。其应具备如下条件：

（1）纯度高（一般要求其纯度在99.9%以上）。

（2）应具有较好的化学稳定性，在称量过程中不吸收空气中的水或二氧化碳，在放置或烘干时不发生变化或不分解。

（3）有较大的摩尔质量。

（4）参加反应时，按反应式定量进行，不发生副反应。

14. 在色谱分析中，什么是外标法？具有什么特点？

答： 外标法指选取包含样品组分在内的已知浓度（C_s）的物质作为标准物，注入色谱仪，测量该已知浓度外标物的峰高（h_s）或峰面积（A_s），再取相同进样量的被测样品，在同样条件下进行色谱试验，获得各组分的峰高（h_i）或峰面积（A_i）。通过被测样品和已知浓度外标物进行峰高或峰面积比较（在一定的浓度范围内，组分浓度与峰高或峰面积呈线性关系），得出被测样品的浓度（C_i）。

外标法是常用的定量方法，其优点是操作简便，计算简单。结果的准确性主要取决于进样的重现性和操作条件的稳定性。

15. 简述抗燃油的抗燃性的含义。

答： 抗燃是指在明火或高温热源处不易燃烧，有较好的阻燃能力。目前广泛采用的抗燃油的自燃点均在530℃以上，即使抗燃油在一定着火条件下燃烧，火焰也不会扩散，且当火源撤离时可自行熄灭。

16. 简述石油的主要元素及烃类组成。

答： 在大部分石油中，主要元素有碳（C）、氢（H）、硫（S）、氮（N）、氧（O），其中碳的含量占84% ~ 87%，氢的含量占12% ~ 13%，而硫、氮及氧的含量一般占1% ~ 3%。石油包括的烃类主要有烷烃、环烷烃、芳香烃、烯烃、炔烃和非烃化合物等。

17. 电力系统广泛使用的油品有哪些？并简述其用途。

答： 电力系统常用的油品有变压器油、涡轮机油、抗燃油等。其中变压器油主要用于变压器、电抗器、互感器、套管等电气设备，具有绝缘、冷却、灭弧及对绝缘材料保护等作用；涡轮机油主要用汽轮机发电机组、水轮机组及调速机的油系统，起润滑、液压调速、冷却散热和密封等作用；抗燃油作为液压工作介质广泛用于汽轮机组调节系统，起传递能量、润滑机械、密封间隙、减少摩擦和磨损、防止机械锈蚀和腐蚀、冷却、冲洗等作用。

18. 矿物绝缘油有哪些分类？

答： 电力系统使用的矿物绝缘油按照产品类别和抗氧化添加剂含量进行分类。

（1）按照产品类别分类，分为变压器油和低温开关油两大类，其中变压器油又分变压器油（通用）和变压器油（特殊）两种。

（2）按照抗氧化添加剂含量分类，分为不含抗氧剂油、含微量抗氧剂油和含抗氧剂油三个品种。其中不含抗氧剂油用 U 表示；含微量抗氧剂油用 T 表示；含抗氧剂油用 I 表示。

19. 变压器油结构族组成有哪些？

答： 结构族组成（碳型结构），是将组成复杂的基础油简单看成是由芳香环、环烷环和烷基侧链三种结构组成的单一分子，分别用 $\%C_A$、$\%C_N$、$\%C_P$ 表示上述三种碳原子分布的百分数。

按照加工精制所用石油组成的成分不同，绝缘油分为环烷基、石蜡基和中间基油三种。一般采用碳型结构来区分绝缘油的基属，通常的区分是：$C_P < 50\%$ 为环烷基油，$C_P=50\% \sim 56\%$ 为中间基（混合基）油，$C_P > 56\%$ 为石蜡基油。

20. L–TSA32 号和 L–TSA46 号汽轮机油适用于哪些发电机组?

答: L–TSA32 号汽轮机油适用于 3000r/min 汽轮机及以上的汽轮机组和 1000r/min 以上的水轮机组；L–TSA46 号汽轮机油适用于 3000r/min 以下至 2000r/min 汽轮机组和 1000r/min 以下的水轮机组。

21. 气相色谱仪由哪些系统组成?

答: 气相色谱仪主要包括气路系统、进样系统、色谱柱、检测系统、温度控制系统和数据记录与处理系统等，其中色谱柱和检测器是色谱仪的两个关键部分。

22. 简述等离子体的定义及等离子光源的分类。

答: 等离子体一般指电离度超过 0.1% 被电离的气体，该气体不仅含有中性原子和分子，还含有大量的电子和离子，且电子和正离子的浓度处于平衡状态，从整体来看是处于中性的。

答: 最常用的等离子体光源有三类，即电感耦合等离子体炬（ICP）、直流等离子体喷焰（DCP）和微波感生等离子体炬（MIP）。

23. 简述气相色谱法检测过程。

答: 载气首先进入气路控制系统，经减压阀减压后，进入载气净化干燥管以除去载气中的水分等杂质。由针形阀控制载气的压力和流量，流入进样装置把样品带入色谱柱；试样通过进样器注入，由载气携带进入色谱柱；将各组分分离后依次进入检测器，经检测后放空。检测器所检测到的电信号，传输至数据记录与处理系统描绘出各组分的色谱峰，得到色谱图。

24. 电力设备用油使用的添加剂有哪些?

答:（1）抗氧化添加剂。

（2）黏度添加剂。

（3）降凝剂。

（4）防锈添加剂。

（5）抗泡沫添加剂。

（6）破乳化剂。

25. 简述玻璃电极测定 pH 值的优缺点。

答： 用玻璃电极测定 pH 值的优点是其对 H^+ 具有高度的选择性，浸泡后即可使用，响应快，可在有色溶液、胶体溶液和有深色沉淀的溶液中使用，还可作指示电极进行电位滴定；缺点是玻璃电极的膜极薄，易损坏，本身电阻高达数百兆欧，必须用高阻抗输入的电位差计（pH 计）才能进行测定。

26. 电气设备中 SF_6 气体杂质来源是什么？

答：（1）SF_6 气体在合成制备过程中残存的杂质和在加压充装过程中混入的杂质。

（2）检修和运行中充气和抽真空时混入的杂质。

（3）设备内部表面或绝缘材料释放出来的杂质。

（4）气体处理设备中油进入到 SF_6 气体中。

（5）开关设备在电流开断期间，由于高温电弧的存在，导致 SF_6 分解产物、电极合金及有机材料的蒸发物或其他杂质形成。

（6）电气设备内部电弧产生的杂质。

27. 简述电位滴定法的基本原理。

答： 电位滴定法是根据指示电极（包括离子选择性电极）的电位在滴定过程中的变化来确定滴定终点的方法。进行电位滴定时，在待测溶液中插入指示电极和参比电极，组成工作电池。随着滴定剂（标准溶液）的滴入，发生化学反应，使待测离子的浓度不断发生变化，指示电极的电位相应地发生变化。滴定理论终点附近时，会引起指示电极的电位发生突跃，使工作电池的电动势发生突跃。在滴定过程中不断测定该电池的电动势，由电动势的突跃可确定滴定终点，由滴定终点所消耗的滴定剂（标准溶液）的体积（mL）和已知浓度求得待测物质的含量。

28. 简述热导检测器（TCD）的原理及特点。

答： 原理：不同的物质具有不同的热导系数，热导检测器是根据载气中混入其他气态物质时热导率发生变化的原理制成的。

特点：具有结构简单，灵敏度适宜，稳定性较好、线性范围宽的特点，对所有物质都有响应，是气相色谱法应用最广泛的一种检测器。热导检测器的最小检测量可达 1×10^{-8}g，线性范围约为 1×10^{5}。

29. 简述氢焰检测器（FID）的原理及特点。

答： 原理：氢焰检测器是根据气相色谱流出物中可燃性有机物在氢—氧火焰中发生电离的原理而制成的。

特点：具有灵敏度高、死体积小、响应时间快、线性范围广等优点。它对大多数有机化合物有很高的灵敏度，一般比热导检测器高几个数量级，主要用于含碳有机化合物的分析。氢焰检测器最小检测量可达 1×10^{-12}g，线性范围约为 1×10^{7}。

30. 简述绝缘油界面张力测试原理。

答： 将一金属圆环（通常为铂丝圆环）平放在液体表面（或界面）上，用外力将圆环拉起，测量出此环拉离液面所需的最大力，在理想情况下此最大力应等于表面张力乘以圆环与液体接触面的周长。实际的表面张力 V 应由测得的表面张力值 P 乘以一个校正因子 F，即 $V=PF$。

31. 简述变压器油击穿电压的试验原理。

答： 将绝缘油装入有一对电极的油杯中，逐渐升高施加于绝缘油的电压，当电压达到一定数值时，油的电阻突降至零，电流瞬间突增，并伴随有火花或电弧产生，称为油被“击穿”。油被击穿的临界电压，称为击穿电压，以千伏（kV）表示。

32. 测定油品体积电阻率的方法和原理是什么？

答： 根据欧姆定律，两电极间液体的体积电阻等于施加于两电极间直流电压与电流之比，其大小应与电极间距成正比、电极面积成反比，比例常数 ρ 即为液体介质的体积电阻率，其物理意义是单位正方体液体的体积电阻。

液体的体积电阻率测定值与测试电场强度、充电时间、液体温度等测试条件有关，除特别指定外，电力用油体积电阻率规定为“规定温度下，测试电场强度为 250V/mm ± 50V/mm，充电时间 60s 的测定值”。

33. 阐述测定变压器油介质损耗因数的方法和原理。

答： 介质损耗因数又称介质损耗角正切。在正交变电场的作用下，电介质内流过的电流可分为两部分，一部分是无能量损耗的无功电容电流 I_C，另一部分有能量损耗的有功电流 I_R，其合成电流为 I。I 与电压 U 的相位差非 90°，而是比 90° 小 δ 角，此角称为介质损耗角，损耗角的正切（$\tan\delta$）为介质损耗因数。

34. 简述油品水分含量测试（库伦法）的方法和原理。

答： 库仑法是一种将库仑计与卡尔—费休滴定法结合起来的电化学分析方法。当被测试油中的水分进入电解液（即卡尔—费休试剂，简称卡氏试剂）后，水参与碘、二氧化硫的氧化还原反应，在吡啶和甲醇存在下，生成氢碘酸吡啶和甲基硫酸吡啶，消耗的碘在阳极电解产生，使氧化还原反应不断进行，直至水分全部耗尽为止。根据法拉第定律，电解产生的碘同电解时消耗的电量成正比关系。

35. 闭口闪点仪结构由哪几部分组成?

答:（1）控制系统：微型计算机控制着整个系统的运行。

（2）机械传动：包括杯盖升降、搅拌、开盖等组成。

（3）加热器：为仪器加热提供试验所需的温度并对升温速度进行控制。

（4）点火系统：由电磁阀、调节阀、点火器等部件组成。

（5）捕捉系统：自动锁定仪器闪点值，由闪点传感器及反馈电路组成。

（6）打印、冷却：完成试验后，由打印机打印最终闪点结果，并由风机对加热器进行冷却。

36. 简述油品机械杂质测试的方法和原理。

答: 称取一定量的油样，溶于合适的有机溶剂中，用已恒重的滤器过滤，使油中所含的固体悬浮粒子分离出来，再用溶剂把油全部冲洗净，对被留在滤器上的杂质进行烘干和称重即可得到油中机械杂质含量。

37. 简述采用微库仑法测定抗燃油氯含量的方法和原理。

答: 将盛有样品的石英杯送入石英燃烧管，在氧气和氮气中燃烧，样品中的氯化物转化为氯离子，并随着气流一起进入滴定池，与滴定池中的银离子反应，消耗的银离子由库仑计的电解作用进行补充，根据消耗的总电量计算样品中的氯含量。

滴定池中的反应如下：

$$Ag^{+}+Cl^{-} \longrightarrow AgCl\downarrow$$

上述反应中消耗的银离子由库仑计的电解作用产生，电解阳极反应如下：

$$Ag \longrightarrow Ag^{+}+e^{-}$$

38. 六氟化硫中矿物油含量测试的方法和原理是什么？

答： 将定量的六氟化硫气体按一定的流速通过两个装有一定体积四氯化碳的洗气管，使分散在六氟化硫气体中的矿物油被完全吸收，测定该吸收液在 2930cm^{-1} 吸收峰的吸光度（相当于链烷烃亚甲基非对称伸缩振动），从工作曲线上查出吸收液中矿物油浓度，计算其含量。

39. 简述油品旋转氧弹法试验的过程。

答： 将试样、蒸馏水和铜催化线圈一起放入带盖的玻璃盛样器内，并放进装有压力表的氧弹中。氧弹在室温下充入 620kPa（6.2bar 或 90psi）压力的氧气，根据不同油品放入一定温度（变压器油为 140℃，润滑油为 150℃）的油浴中。氧弹与水平面呈 30°，以 100r/min 的速度轴向旋转，当达到规定的压力降时，停止试验，记录试验时间，氧弹试验时间以分钟（min）表示，作为试样的氧化安定性。

40. 简述变压器油中气体组分含量测试的过程。

答： 经脱气装置从油中得到的溶解气体的气样或从气体继电器所取的气样，均可采用气相色谱仪进行组分含量分析。利用气体试样中各组分在色谱柱中的气相和固定相间的分配及吸附系数不同，由载气把气体试样带入色谱柱中进行分离，通过检测器检测各气体组分，根据各组分的保留时间和响应值进行定性、定量分析，气体试样中各组分浓度用色谱数据处理软件进行结果计算。

41. 简述采用氧弹法测定抗燃油氯含量的方法、原理。

答： 将抗燃油在 3MPa 及以上压力的氧弹中燃烧，燃烧后生成的氯化氢气体被碱性过氧化氢溶液吸收，以二苯偶氮碳酰肼和溴酚蓝作为指示剂，用硝酸汞标准溶液滴定。当过量的硝酸汞解离出的汞离子与二苯偶氮碳酰肼生成红色的络合物，即为滴定终点。

基本化学反应式为：

$$Hg^{2+}+2Cl^{-} \longrightarrow HgCl_2$$

42. 六氟化硫气体湿度检测露点法的原理是什么？

答： 露点法是检测六氟化硫气体中微量水分的经典方法之一，其原理是被测气体在恒定压力下，以一定流量流过抛光金属镜面，当六氟化硫气体中的水汽随着镜面温度的逐渐降低达到饱和时，镜面开始出现露（或霜），此时所测量到的镜面温度即为露点，通过露点温度计算出湿度值。

43. 运行中汽轮机油颗粒度超标的原因有哪些？

答：（1）制造、安装质量差造成的焊渣、型砂、铁屑等杂物，存留在套装油管的边弯死角处，形成长期污染源。

（2）系统内部冲刷腐蚀或系统外部不断侵入的固体颗粒。

（3）滤油及维护措施不力，油的颗粒度经常或长期超标。

44. 简述运行中汽轮机油乳化的原因。

答：（1）汽轮机油中存在水分。

（2）汽轮机油中存在乳化剂。

（3）机组高速运转过程中形成油水乳浊液。

45. 变压器内部放电故障的原因是什么？

答：（1）设备的设计不良。

（2）使用的材质不良。

（3）加工和安装工艺不符合要求。

（4）运行维护不良。

46. 影响变压器油劣化因素有哪些？

答：（1）抗氧化能力。

（2）氧气。

（3）水分。

（4）铜和铁材料的存在。

（5）温度。

（6）振动与冲击。

（7）电场。

（8）纤维素材料。

47. 油品在低温下失去流动性的原因有哪些？

答：（1）黏温凝固。油品在低温时黏度增大，当增大到一定程度时，流动的油品变成凝胶体，油品失去流动性。

（2）构造凝固。油中石蜡形成网状结晶，导致吸附凝聚分子，当延展到全部液体，液体的油品被包围在其中，形成凝胶体，油品失去流动性。

48. 溶液储存过程中发生变质原因有哪些？

答：（1）玻璃会与碱性溶液作用，导致溶液中含有钠、钙、硅酸盐等杂质。

（2）试剂瓶密封不好，空气中 CO_2、O_2、NH_3 或酸雾侵入使溶液发生变化。

（3）某些溶液见光分解，如硝酸银、汞盐等。

（4）易挥发组分的挥发，浓度降低，实验出现异常现象。

49. 简述测试油品色度的意义。

答：油品的色度对于新油可用于判断油的精制程度，即油中除去沥青、树脂质及其他染色物质的程度；还可用于判断油品在运输和储存过程中是否受到污染。运行中绝缘油颜色的突变，一般是油内发生电弧或者高温过热时产生碳质造成的。故检测油在运行中的色度变化，是油质变坏或设备存在内部故障的表现。

50. 引起油品氧化的因素及氧化过程是什么？

答：（1）油品与空气中的氧气接触是油品氧化的主要因素。

（2）温度、水分、金属催化剂及其他杂质会加速油品的氧化。

（3）油品中的烃类氧化初期产物是烃基过氧化物，后分解成酸、醇、酮等继续氧化成树脂质、沥青质，最终氧化成不溶于油的油泥。

51. 气体在油中溶解度的影响因素有哪些？

答：（1）压力：当其他条件相同时，气体在油中的溶解度随压力的变化而变化，即压力增大时，气体溶解度增大；反之，则减小。

（2）温度：温度的变化对气体的溶解有一定影响。温度改变时，对不同气体的溶解度产生不同的影响，H_2、CO、N_2 和 O_2 随温度的升高气体的溶解度增大，大部分烃类气体的溶解度随温度的升高而减小。

52. 简述油品黏度、动力黏度、运动黏度的定义。

答：黏度：是指油品在外界力的作用下，做相对层流运动时，油品分子间产生内摩擦阻力的性质。

动力黏度：表示液体在一定的剪应力下做相对层流流动时的内摩擦力的度量。当流体受外力作用时，在流动的液体层之间存在着切向的内部摩擦力。

运动黏度：是指温度为 t℃时的动力黏度与其密度的比值。

53. 影响油品黏度的因素有哪些？

答：（1）油品的化学组成和烃族结构。油品黏度随烃的分子量增大逐渐增大，在所有烃中，烷烃的黏度最小。

（2）温度。黏度随温度的升高而降低，随温度的降低而增大。

（3）压力。作用于油品的压力（液体油品大于 4.0MPa）增加时，分子之间的距离减少而分子间的引力增大，因而黏度增加。

54. 简述破乳化度的定义及主要影响因素。

答： 破乳化度是指在特定的仪器中，一定量的试油与水混合，在规定的温度下，搅拌一定的时间，油品与水形成乳状液，从停止搅拌到油层和水层完全分离时所需要的时间。

主要影响因素：

（1）油品的精制深度。

（2）设备的腐蚀程度。

（3）油品的运行环境。

（4）油品的使用年限。

55. 介质损耗因数的影响因素有哪些？

答：（1）水分和湿度。油中水分是影响介质损耗的主要因素。

（2）温度。温度会影响介质的电导率，温度过高会促进油质的老化。

（3）油的黏度。油的黏度偏低使电泳电导增加，导致介质损耗增加。

（4）氧化产物和杂质。油中含有有机酸类等在电场的作用下会增大电导电流，使油介质损耗增大；油中若存在溶胶杂质会导致电泳现象，使油介质损耗增大。

（5）施加的电压和频率。电压过高时，介质会在高电压的作用下产生偶极转移而引起电能的损失，使介质损耗增加；在一定频率范围内，介质损耗因数随频率的增加而增大。

（6）热油循环。热油循环使油的带电倾向增加，导致介质损耗因数增加。

56. 影响绝缘油击穿电压测定的因素有哪些？

答：（1）绝缘油的含水量：含水量越大，击穿电压越小。

（2）温度：不同的温度范围对绝缘油击穿电压的影响不同。

（3）油中气泡、游离碳和老化后产物：油中含有微量气泡、游离碳和老化后产物会使击穿电压降低。

（4）测试条件：包括压力、电极形状、操作方法、电场均匀程度和电极间距离等。

57. 变压器油中油泥生成后，对变压器有哪些影响？

答：油泥是一种树脂状的部分导电物质，能适度的溶解在油中，但最终会从油中沉淀出来，黏附在绝缘材料、变压器的壳体边缘的壁上，沉积在循环油道、冷却散热片等地方，加速固体绝缘的破坏，造成变压器丧失吸收冲击负荷的能力，引起变压器线圈局部过热，使变压器的工作温度升高，降低设备出力。

58. 引起磷酸酯抗燃油电阻率降低的因素主要有哪些？

答：（1）极性污染物。

（2）颗粒杂质。

（3）添加剂。

（4）油的温度。

（5）补加的磷酸酯抗燃油电阻率不合格。

（6）新油注入前系统的清洁度不达标。

（7）运行中磷酸酯抗燃油的老化、水解等导致电阻率降低。

59. 运行中抗燃油污染的主要因素有哪些？

答：（1）水分。水分的存在会使磷酸酯水解产生酸性物质，腐蚀设备，还会加速磷酸酯的水解。

（2）固体颗粒。固体颗粒在一些关键部位沉积、堵塞，导致相应的元件动作失灵，同时固体颗粒也会对设备部件造成磨损，改变其动作的准确性。

（3）氯含量。氯含量过高，会对油系统部件产生腐蚀，损坏密封材料，同时还会加速磷酸酯的劣化。

（4）矿物油污染。抗燃油和矿物油分离比较困难，当混入矿物油会影响其抗燃性能，同时矿物油还会影响抗燃油的泡沫特性及空气释放性。

60. 导致磷酸酯抗燃油劣化的因素有哪些？

答：（1）水分。水分能加速抗燃油的劣化速度。

（2）酸值。油中酸性成分对油品的劣化起催化作用，酸值越大，油品的酸性成分越多，催化作用越大，如此造成恶性循环，危害较大。

（3）温度。抗燃油的酸值与温度有关，温度越高，酸值越大，劣化程度越严重。

（4）受热时间。受热时间越长，劣化程度越严重。

（5）油中金属杂质含量。大部分金属对抗燃油劣化有催化加速作用。

61. ICP 光谱分析的干扰因素有哪些？

答：（1）物理干扰。

（2）光谱干扰。

（3）化学干扰。

（4）电离干扰与基体效应干扰。

62. 影响油品体积电阻率的测定因素有哪些？

答：（1）温度。

（2）电场强度。

（3）施加电压的时间。

63. 影响破乳化度时间的主要因素有哪些？

答：（1）油品的精制深度。

（2）设备的腐蚀程度。

（3）油品的运行环境。

（4）油品的使用年限。

64. 影响密度测定的因素有哪些？

答：（1）密度计和量筒的洁净程度。

（2）测试过程中存在的气泡。

（3）是否正确读取密度计的读数。

（4）读数时的温度。

65. 汽轮机油中添加剂的使用效果主要与什么因素有关？

答：（1）运行油的劣化程度。

（2）添加剂的有效剂量。

（3）油系统的清洁状况。

（4）运行油的补油率。

66. 简述水溶性酸测定的主要影响因素。

答：（1）实验用水。

（2）所用仪器的清洁度。

（3）萃取温度。

（4）摇动时间。

（5）指示剂本身的 pH 值。

67. 为什么加热速度对油品的闪点测定有影响？

答：加热速度快，单位时间内蒸发出的油蒸气多，而扩散损失少，可提前达到可燃混合气的爆炸极限，使测得的结果偏低；加热速度慢，测试时间长，点火次数多，损耗了部分油蒸气，推迟了油蒸气和空气的混合物达到闪点着火浓度的时间，导致结果偏高。

68. 为什么大气压力对油品的闪点测定有影响？

答： 试样的蒸发速度除与加热的温度有关，还与大气压力有关，测试环境大气压低，油品蒸发快，空气中油蒸气的浓度易达到爆炸下限，闪点低；气压高，空气中油蒸气浓度难以达到爆炸下限，闪点高。因此，为了使同一试样在不同的大气压下测出的闪点具有可比性，测试结果需校正到标准大气压下对应值。

69. 泡沫特性试验的注意事项有哪些？

答：（1）测试所用的量筒及扩散头应清洗干净，不能残留洗洁剂。

（2）水浴温度应恒定在 24℃ ± 0.5℃、93.5℃ ± 0.5℃，空气流量应稳定在 94mL/min ± 5mL/min。

（3）第一次低温测量时应先将油样在 49℃ ± 3℃下预热。

（4）扩散头最大孔径不大于 80μm，渗透率在 3000 ~ 6000mL/min。

（5）通过气体扩散头的空气要求是清洁和干燥的。

（6）将量筒浸入恒温浴中，至少浸没到 900mL 刻度线。

70. T501 抗氧化剂与其他种类的抗氧化剂相比，具有哪些性能优点？

答：（1）T501 抗氧化剂独特的化学结构（屏蔽酚）具有高度的抗氧化性能，油中加入这种抗氧化剂后，能有效地改善油的氧化稳定性，降低油氧化形成的酸性产物、沉淀物的含量，抑制低分子有机酸的生成。

（2）T501 抗氧化剂有较广泛的适用范围，不仅适用于新油、再生油和轻度老化油，且对许多类型的润滑油，添加后均有良好效果。

（3）T501 抗氧化剂对油的溶解性能良好，不易使油产生沉淀物。

（4）T501 抗氧化剂及其氧化产物不会对绝缘油和设备中的固体绝缘材料的介电性能产生影响。

（5）T501抗氧化剂为中性、无腐蚀性、无毒、不溶于水、不吸潮、沸点高（265℃）、挥发性低、不易损失。

71. 石蜡基油与环烷基油性能上有哪些区别?

答:（1）残炭杂质的沉降速度：环烷基油的残炭沉降速度很快。

（2）低温性能：低温性能是环烷基油最显著的特性。

（3）酸的生成：石蜡基油比环烷基油更容易劣化分解生成各种类型的酸性物质。

（4）气体的析出。石蜡基油在高电场作用下，油质劣化分解从油中释放出氢气；环烷基油在高电场作用下，C-H不饱和键在电场能量的作用下，吸收氢气分子形成C-H饱和键，从而形成化学结构更稳定的环烷基，这种特性对超高压设备用油品具有十分重要的意义。

（5）闪点：环烷基油的挥发性高于石蜡基油，因此环烷基油的闪点比石蜡基油的闪点低。

72. 简述变压器油的作用。

答:（1）绝缘作用。

（2）冷却散热作用。

（3）灭弧作用。

（4）间接状态载体作用。

（5）保护作用。

73. 简述齿轮油的作用。

答:（1）减少齿轮与其他部件的摩擦，降低磨损，提高齿轮使用寿命。

（2）散热，起到冷却的作用。

（3）减缓部件的锈蚀。

（4）冲洗齿轮面间的杂质，减轻摩擦。

（5）降低工作噪声，减轻振动和齿轮间的冲击。

74. 汽轮机油的主要作用有哪些？

答：（1）润滑作用。在汽轮机颈与轴承之间用汽轮机油膜隔开，避免轴径和轴瓦的直接接触，降低摩擦损耗。

（2）冷却散热作用。在汽轮机设备中有油循环系统，油中热量一部分在油箱内散失，一部分通过冷油器进行冷却，冷却后的油又进入到轴承内将热量带走，如此反复循环，油对机组的轴承起到冷却散热的作用。

（3）密封作用。发电机采用氢气冷却，为防止运行中氢气外漏，机组配制了密封油系统，在发电机两端轴伸出处的轴与轴瓦之间起到密封的作用。

（4）用作调速系统的工作介质。汽轮机油可作为压力传导介质，用于汽轮发电机组的调速系统，可使压力传导于油动机和蒸汽管上的油门装置，以控制蒸汽门的开度，使汽轮机在负荷变动时，仍能保持额定的转速。

75. 润滑系统的主要部件及作用是什么？

答：（1）油泵：使油从油箱到轴承、轴封和控制装置进行强迫循环。

（2）主油箱：为汽轮机—发电机组运行时提供润滑油和停机后储存润滑油。

（3）润滑油管道：润滑系统主管道由上百米管子组成。

（4）冷油器：散发油在循环中获得的热量。

76. 阐述废油再生处理的方法及选择再生方法的原则。

答：目前废油再生的方法较多，按净化原理可分为三种：物理净化、物理和化学净化、化学再生法。合理再生废油是选择再生方法的基本原则，一般原则如下：

（1）油的氧化不太严重，仅出现酸值和极少的沉淀物质等，或某一项指标变差，可选用物理和化学处理净化，如过滤和吸附等方法。

（2）油的氧化较严重、酸值较高、颜色较深、沉淀物较多、劣化严重的油品，可采用化学再生法。

77. 运行油的取样应遵循哪些原则?

答:（1）取样前油箱中的油应在系统内正常循环至少 24h。

（2）常规监督测试的油样应从油箱底部的取样口取样。

（3）如发现油质被污染，必要时可增加取样点。

（4）油箱内油液上部取样时，用专用取样器从存油的上部取样，取样后将人孔法兰或呼吸器复位。

（5）颗粒度取样时，取样容器采用专用取样瓶，注意取样现场清洁干净。

78. 红外分光光度计可用于哪些方面的检测?

答:（1）化合物的鉴定。

（2）未知化合物的结构分析。

（3）化合物的定量分析。

（4）化学反应动力学、晶变、相变、材料拉伸与结构的瞬变关系研究。

（5）工业流程与大气污染的连续检测。

79. 变压器油中溶解气体的主要来源有哪些?

答:（1）空气的溶解。

（2）变压器类设备正常运行下产生的气体。

（3）故障运行下产生的气体。

（4）气体的其他来源，如绝缘材料吸附释放，外界气体侵入等。

80. 变压器等设备热故障运行下产生的气体有哪些?

答: 变压器内部发生各种过热性故障，局部温度较高，导致热点附近的绝缘物发生热分解，析出气体。

变压器油的烃分子约在 300 ~ 400℃开始断链，并逐步生成低分子的饱和气态烃和 CO_2 等；随着热解温度升高，油品产生低分子烃的不饱和度不断增加，有烯烃和炔烃生成，各种烃类和 H_2 的含量也逐步增加。变压器内的油浸绝缘纸，在空气中加热分解的主要产物是 CO_2 和 CO，其次是 H_2 和气态烃。

81. 变压器等设备正常运行下产生的气体有哪些?

答: 充油电气设备内部的绝缘油和有机固体绝缘材料，受到电场、热、氧等的作用，逐渐老化和分解，产生一些非气态的劣化产物、H_2、各种低分子烃类气体及 CO、CO_2 等，先溶入油中，饱和后从油中析出。

82. 变压器油的劣化分解包括几个阶段? 主要分解产物有哪些?

答: 油质劣化一般经过三个阶段：诱导期阶段、反应期阶段、迟滞期阶段。主要分解产物有：过氧化物、酸性物质、水分、醇类、金属皂类（包括环烷酸铜及环烷酸亚铁）、醛类、酮类、清漆、沥青、稀油泥。

83. 简述自燃点的定义及测定方法。

答: 定义：发生自燃现象时的最低温度，即为被测试样的自燃点。

方法：用注射器将 0.07mL 的待测试样快速注入加热到一定温度的 200mL 开口耐热锥形烧瓶内，当试样在烧瓶里燃烧产生火焰时，表明试验发生了自燃；若在 5min 内无火焰产生，则认为在该温度下试样没有发生自燃。

84. 简述液相锈蚀的测定方法。

答： 将 300mL 试样和 30mL 蒸馏水或合成海水混合，把圆柱形的试验钢棒全部浸在其中，在 60℃下进行搅拌，试验周期为 24h，也可根据合同双方的要求，确定适当的试验周期；试验周期结束后观察试验钢棒锈蚀的痕迹和锈蚀的程度。

85. SF_6 气体的处理方法有哪些？

答：（1）回收的 SF_6 气体中空气的处理方法：一般采用变压分离、吸附和透膜渗透的方法进行处理。

（2）回收的 SF_6 气体中水分及气态分解产物的处理方法：通常采用吸附剂进行处理，目前国内外应用于 SF_6 电气设备中的吸附剂主要是分子筛和氧化铝。

86. 变压器油中如何添加 T501 抗氧化剂？

答： 运行中油在添加 T501 抗氧化剂之前应清除设备内和油中的油泥、水分和杂质。具体加入方法如下。

（1）热溶解法：从设备中放出适量的油，加温至 60℃左右加入所需量的 T501 抗氧化剂，边加入边搅拌，使 T501 抗氧化剂完全溶解，配制成一定浓度的母液（一般为 5%左右）；待母液冷却到室温后，采用压滤机送入变压器内，并继续进行循环过滤，使药剂充分混合均匀。

（2）从热虹吸器中添加：将 T501 抗氧化剂按所需要的量分散放在热虹吸器上部的硅胶层内，由设备内通向热虹吸器的热油流将药剂慢慢溶解，并随油流带入设备内混匀。

87. 油品净化中应用的净化材料应具备哪些条件？

答：（1）具有多孔性，能提供合适孔道，阻力小，同时能截留要分离的颗粒杂质。

（2）有一定吸收油中微量水分及吸附油中溶解溶质分子的功能。

（3）具有化学稳定性，有耐腐蚀、耐热性、不分解等性能。

（4）具有机械强度高，稳定性好，能承受一定的压力，便于拆装、更换。

88. SF_6 气体绝缘电器设备中的吸附剂应具备哪些性能?

答:（1）具有良好的机械强度。

（2）具有可靠的净化能力。

（3）具有足够的吸附能力。

（4）不含有导电性或介电常数低的物质。

（5）耐高温和电弧的冲击。

89. 为使汽轮机发电机组安全可靠运行，要求汽轮机油应满足哪些条件?

答:（1）能在一定的运行温度变化范围内，保持油的黏度。

（2）能在轴颈和轴承间形成薄的油膜，减小磨损摩擦。

（3）能将轴颈、轴承和其他热源传来的热量转移到冷油器。

（4）能在空气、水、氢的存在以及高温下抗拒氧化和变质。

（5）能抑制泡沫的产生和挟带空气。

（6）能迅速分离出进入润滑系统的水分。

（7）能保护设备部件不被腐蚀。

90. 油品闪点测定与哪些测试条件有关?

答:（1）仪器状态。

（2）油品含水量。

（3）油品用量。

（4）加热速率。

（5）火焰大小。

（6）火焰停留时间。

（7）点火频率。

（8）大气压力。

91. ICP 主要优点有哪些?

答:（1）检出限低。

（2）测量的动态范围宽。

（3）准确度好。

（4）基体效应小。

（5）精密度高。

（6）曝光时间短。

（7）可同时分析多种元素。

92. 汽轮机油中添加剂的要求有哪些?

答:（1）感受性好，功能改善作用明显。

（2）溶于油，不溶于水，不能从油中析出。

（3）对油的其他性能无不良影响。

（4）化学稳定性好。

（5）在运行中不因温度、水分及金属等影响发生分解。

（6）对油系统金属及其他材料物无侵蚀性等。

93. 风力发电机齿轮油的性能要求有哪些?

答:（1）极压抗磨性。

（2）高黏度指数。

（3）油膜稳定性。

（4）水解安定性和抗乳化性。

（5）氧化安定性和热安定性。

（6）抗泡沫性。

（7）防锈防腐性。

（8）剪切安定性。

（9）密封适应性。

94. 简述变压器油中水分和油中溶解气体分析取样要求。

答： 变压器油一般应从设备底部的取样阀取样，特殊情况下，可在不同取样部位取样。取样量应符合下列要求：

（1）进行油中水分含量测定的油样，剩余部分可用于油中溶解气体分析，不必单独取样。

（2）常规分析根据取样规范取样，以够实验用为限。

（3）做溶解气体分析时，取样量为 50 ~ 100mL。只用于测定油中水分含量的油样，可取 10 ~ 20mL。

95. 常用油品的开口杯老化试验取样量要求分别是什么？

答：（1）变压器油：分别称取运行油样、补充油样和混合油样各 400g，精确到 0.1g。

（2）汽轮机油：分别称取运行油样、补充油样和混合油样各 200g，精确到 0.1g。

（3）磷酸酯抗燃油：分别称取运行油样、补充油样和混合油样各 200g，精确到 0.1g。

96. 原子发射光谱分析的误差主要来源是光源，在选择光源时应尽量满足哪些要求？

答：（1）高灵敏度。

（2）低检出限，能对微量和痕量成分进行检测。

（3）良好的稳定性，试样能稳定地蒸发、原子化和激发，分析结果具有较高的精密度。

（4）谱线强度与背景强度之比大（信噪比大）。

（5）分析速度快。

（6）结构简单，易操作。

（7）自吸收效应小，校准曲线的线性范围宽。

97. 润滑油中添加的抗泡剂有哪些要求?

答:（1）有较好的化学稳定性，凝点低，黏温性好。

（2）表面张力小。

（3）挥发性低，凝气压低。

（4）不易溶于水和润滑油。

98. 汽轮机油对防锈剂的要求有哪些?

答:（1）对金属具有充分的吸附能力，在金属表面形成致密的分子膜，不易被酸或盐溶解。

（2）对油的溶解性良好，在使用中不易从油中析出。

（3）不影响油的物理化学性能。

（4）在汽轮机油运行温度下不易裂解，能保持防锈作用。

99. 抗燃油系统换油处理应符合哪些要求?

答:（1）磷酸酯抗燃油运行中因油质劣化需要换油时，应将油系统中的劣化油排放干净。

（2）应检查油箱及油系统，应无杂质、油泥，必要时清理油箱，用冲洗油将油系统彻底冲洗。

（3）冲洗过程中应取样化验，冲洗后冲洗油质量不得低于运行油标准。

（4）将冲洗油排空，应更换油系统及旁路过滤装置的滤芯后再注入新油，进行油循环，直到油质符合标准的要求。

100. 汽轮机油对破乳化剂的要求有哪些?

答:（1）在常温下直接溶于油中，不需要有机助溶剂。

（2）具有较好的化学稳定性，在空气中或高温下氧化安定性好。

（3）不溶于水。

101. 运用于润滑油中抗泡沫剂有哪些种类？如何进行添加？

答：（1）应用于润滑油的消泡剂，主要有二甲基硅油、二甲基聚硅氧烷、二甲基硅酮和非硅型等添加剂，其中以二甲基硅油应用最为普遍。

（2）用作汽轮机油消泡剂的二甲基硅油，其25℃的运动黏度为1000 ~ 10000mm²/s，添加量一般为10mg/kg左右。在实际应用中，一般只在产生泡沫的汽轮机油中添加硅油，为了使硅油能较好的与泡沫直接接触，并能良好分散，通常的做法是：将10号柴油加温至50 ~ 60℃，在高速机械搅拌下，配成10%左右的硅油－柴油溶液，然后用喷雾器将其喷洒至汽轮机油箱的泡沫表面上。

102. 抗燃油新油及从油系统取样有哪些要求？

答：（1）磷酸酯抗燃油新油取样应按GB/T 7597—2007的规定进行，用于颗粒度测试的样品不得进行混合，应对单一油样分别进行测试。

（2）常规监督测试的油样应从油箱底部的取样口取样。如发现油质被污染，必要时可增加取样点（如油箱内油液的上部、过滤器或再生装置出口等）取样。

（3）取样前油箱中的油应在电液调节系统内至少正常循环24h，常规试验应按GB/T 7597—2007要求取样；颗粒污染度测试取样应按DL/T 432—2018要求进行。

（4）油箱内油液上部取样时，应先将人孔法兰或呼吸器接口周围清理干净后再打开，按GB/T 7597—2007的规定用专用取样器从存油的上部取样，取样后应将人孔法兰或呼吸器复位。

103. 现场进行 SF_6 电气设备气体泄漏检测时有哪些要求？

答：（1）SF_6 电气设备充气至额定压力，经12 ~ 24h之后方可进行气体泄漏检测。

（2）为了消除环境中残余的 SF_6 气体的影响，检测前应先吹净

设备周围的 SF_6 气体，双道密封圈之间残余的气体也要排尽。

（3）采用包扎法检漏时，包扎腔尽量采用规则的形状，如方形、柱形等，使易于估算包扎腔的体积。

（4）采用扣罩法检漏时，由于扣罩体积较大，应特别注意扣罩的密封，防止收集的气体外泄。

（5）定性检漏可以较直观地观察密封性能，对于定性检漏有疑点的部位，应采用定量检漏确定漏气的程度。

104. 运行中风电齿轮油取样有哪些要求？

答： 风电机齿轮油取样一般要求是：定期项目检测取样时，应从过滤器进口处取样，取样点、取样条件应相对固定；风电机停运、检修和油质异常时的检测取样，应从排油阀取样，取样前清洁排油阀口。

105. 气相色谱分析对检测器有哪些要求？

答：（1）灵敏度高、线性范围宽。

（2）工作性能稳定、重现性好。

（3）对操作环境条件变化不敏感，噪声小。

（4）死体积小、响应快，响应时间一般应小于 1s。

106. 风电主油箱齿轮油补油及混油有哪些要求？

答： 运行中需要补加油时，应补加经检验合格的相同品牌、相同规格的油。补油前应按照 DL/T 429.6 进行混油试验，油样的比例应与实际使用的比例相同，混合油样开口杯老化后油泥量不高于运行中油的油泥量时方可进行补加。当需要补加不同品牌的油时，除按照 DL/T 429.6—2015《电力用油开口杯老化测定法》进行混油试验外，还应对混合油样进行全分析试验，混合油样的质量不应低于运行油的质量标准。

107. 简述电力设备用油密度的测定方法。

答： 将试样置于规定温度，然后将其倒入温度大致相同的密度计量筒中，将合适的密度计放入已调好温度的试样中，静置。当温度达到平衡后，读取密度计读数和试样温度。用石油计量表把观察到的密度计读数换算成标准密度，单位为 kg/m^3，常用单位为 g/cm^3。如果需要，将密度计量筒及内装的试样一起放在恒温浴中，以避免在测定期间温度变动太大。

108. 简述根据 GB/T 25961—2010《电器绝缘油中腐蚀性硫的试验法》方法概要。

答： 将处理好的铜片放入盛有 220mL 绝缘油的密封厚壁耐高温试验瓶中，在 150℃下保持 48h，试验结束后观察铜片的颜色变化，判断绝缘油中是否含有腐蚀性硫。

109. 简述根据 DL/T 285—2012，矿物绝缘油腐蚀性硫检测法的裹绝缘纸铜扁线法的方法概要。

答： 将 15mL 油样装入 20 mL 顶空瓶里，放入规定尺寸的包裹一层绝缘纸的铜扁线，密封后在 150℃ ± 2℃下进行 72h 试验，观察铜扁线的表面变化情况，确定油中是否含有腐蚀性硫。

110. 简述氧化指数的定义及计算公式。

答： 油劣化主要由氧化造成的，因此氧化指数是监测油质运行中老化的重要指标。一般认为，变压器油的氧化指数低于 300 时，则不能继续使用。

氧化指数的计算公式如下：

$$\text{氧化指数} = \text{界面张力} / \text{酸度}$$

111. 简述检查油品外观和颜色的意义。

答： 检查运行油的外观，可以发现油中不溶性油泥、纤维和杂质存在，直观的监督油品的老化情况。

新变压器油一般是无色或淡黄色，运行中颜色会逐渐加深，但正常情况下这种变化趋势比较缓慢。若油品颜色急剧加深，则应确认是否设备有过负荷现象或过热情况出现。

112. 汽轮机严重度的测定和计算方法是什么?

答: 汽轮机严重度指油每年丧失的抗氧化能力占原有新油抗氧化能力的百分率。汽轮机严重度要考虑的因素有：增加油的抗氧化能力每年注入系统的补充油量；油的运行时间的长短；用旋转氧弹试验方法测定的抗氧化能力。

汽轮机严重度的计算公式如下：

$$B=M(1-x/100)/(1-e^{-Mt/100})$$

式中 B——汽轮机严重度，%；

M——每年注入系统的补充油率，以占初始装入系统新油总量的百分率表示；

x——油中残余抗氧化能力的数量，以占初始装入系统新油的抗氧化能力的百分率来表示；

t——最初装入系统中新油已使用了的年数。

113. 简述油品中泡沫和气泡的危害性。

答:（1）增加了油的可压缩性，油压不稳，影响系统调节，严重时会导致控制系统失灵。

（2）产生噪声和振动，严重时会损坏设备。

（3）降低油泵的有效容积和油泵的出口压力，影响油循环。

（4）破坏油膜，发生磨损。

（5）油中溶有空气，高温下会加速油品的氧化变质。

114. SF_6 气体中含水对设备及其安全运行有何危害?

答:（1）当 SF_6 气体中含水超过一定限度时，气体的稳定性会受到破坏，使 SF_6 气体耐压下降，对电气设备危害很大。

（2）SF_6 气体含水会使某些电弧气发生反应，产生腐蚀性极强的 HF 和 SO_2 等酸性气体，加速设备腐蚀。

（3）SF_6 水解反应会阻碍 SF_6 分解物的复原，增加了气体中有毒有害杂质的含量。

115. 空气进入汽轮机油系统中会造成什么危害?

答:（1）改变油的可压缩性。

（2）油中空气泡在高压下破裂，造成油系统压力波动，引起噪声和气蚀振动而损坏设备。

（3）气泡在高压下破裂时，可能产生瞬间高能与气泡中的氧造成油的氧化劣化。

（4）空气会破坏润滑油膜，可能产生机械摩擦。

（5）气泡的存在影响油箱的油位判断，可能造成供油不足或跑油事故。

116. 汽轮机油劣化造成的危害有哪些?

答:（1）降低润滑功能。

（2）危及调速系统。

（3）影响散热和冷却。

117. 色谱分析中，提高热导检测器灵敏度的方法有哪些?

答:（1）在允许的工作电流范围内加大桥流。

（2）用热导系数较大的气体作载气。

（3）当桥流固定时，在操作条件允许的范围内，降低池体温度。

118. 常用的抗燃油有哪些性能需要注意?

答: 抗燃性、密度、体积电阻率、抗氧化安定性、抗腐蚀性、润滑性、泡沫特性、空气释放值、清洁度、氯含量。

119. 在油质试验方法中，常规分析包含几种性能试验？各举出五例。

答:（1）物理性能试验：如闪点、凝点、水分、抗泡沫特性、密度等试验。

（2）化学性能试验：如水溶性酸、液相锈蚀、腐蚀性硫、氧化安定性、酸值等试验。

（3）电气性能试验：如电介质击穿、析气性、体积电阻率、介质损耗因数、油流的带电度等试验。

120. 为什么要控制齿轮油的黏度？

答: 齿轮油的黏度决定润滑膜形成的厚度，合适的黏度可以在弹性流体中形成较厚的油膜，提高齿轮承载能力，降低齿面磨损。黏度过低，形成的油膜薄，易破裂，引起齿面直接接触，使齿面磨损剧烈产生发热，严重时导致烧结。黏度过大，油品内摩擦力大，流动性差，齿轮在运转中会造成阻力发热及动力损失。

121. 齿轮油为什么要具有极压抗磨性？

答: 齿轮在传动时，齿与齿间接触面不大，啮合部压力较高，对润滑油要求很高。在高速、低速重载荷和冲击负荷下，齿轮油形成的润滑膜，可防止齿轮金属工作面直接接触。若齿轮油的极压抗磨性差会造成齿面产生擦伤、胶合、点蚀及磨损等，影响齿轮传动结构。

122. 齿轮油为什么要具有抗氧化安定性？

答: 齿轮油的抗氧化性能会影响油品的使用寿命。在工作中齿轮油受摩擦工作面产生的热使温度升高，接触空气、水和具有催化作用的金属，很容易发生氧化。当齿轮油氧化后会失去原有的性质，不能保证齿轮油传动机构的正常工作，同时会产生酸性物质腐蚀金属，使得氧化产生的油泥、漆膜沉积在齿轮表面，影响齿轮的正常运行。

123. 齿轮油为什么要具有防腐防锈性能？

答： 齿轮油在使用中发生氧化会产生腐蚀性酸，对金属产生腐蚀；在齿轮运转中，油被氧化会形成油泥、胶质等物质也会使齿轮生锈，影响齿轮的正常运行，因此齿轮油要具有良好的防腐防锈性能。

124. 阐述破乳化的机理。

答： 乳化剂和水的存在是油质乳化的物质因素。乳化剂通常都是表面活性物质，分子中含有极性基团和非极性基团。当油中含有过量的水时，乳化剂能在油水之间形成坚固的保护膜，使油水交融，难于分离。由于水和界面膜之间的张力大于油与界面之间的张力，水相收缩形成水滴均匀地分散在油相中，形成油包水的乳化液。在油包水状乳化液中加入与乳化剂性能相反的破乳化剂，使油与水的界面膜之间的张力变小或使油与水界面膜的张力变大，最终使两项张力值相同，界面膜被破坏，水滴析聚，乳化现象消失，达到破乳化效果。

125. 阐述采用裹绝缘纸扁铜线法测试腐蚀性硫的注意事项。

答：（1）试验采用的扁铜线和绝缘纸应符合标准要求。

（2）剥绝缘纸的过程中不应用手直接接触扁铜线。

（3）当两个平行样中的铜或绝缘纸，或者两者都被观察认为有腐蚀，应判断此油具有潜在的腐蚀性。当两个平行样的铜和绝缘纸被观察认为是非腐蚀，则此油是非腐蚀性的。

（4）若在绝缘纸的检验结果中存在任何疑点，都应该用其他方法（扫描电镜—能量色散 X 射线）来分析沉淀物的组成。

126. 变压器的绝缘系统中的固体绝缘材料的性能有哪些？

答：（1）在遇到较高压情况时，能耐受高介电强度的能力。

（2）具有耐受由短路产生的机械应力和热应力的能力。

（3）具有防止热的过度积累的传热能力。

（4）具有在适当维护条件下和可接受的运行寿命期内，能保持所需的绝缘和机械强度能力。

127. 变压器油在验收和注入设备前后的检验，化验人员应对哪几个方面进行监控?

答:（1）新油交货时的验收。

（2）新油脱气后注入设备前的检验。

（3）新油注入设备进行热循环后的检验。

（4）新油注入设备后通电前的检验。

（5）变压器油劣化程度的判断。

128. 为延长运行中变压器油的寿命，目前常采用的防劣化措施有哪些?

答:（1）安装油保护装置（呼吸器和密封式储油柜），以防止水分、氧气和其他杂质的入侵。

（2）安装油连续再生装置（净油器），以清除油中存在的水分、游离碳和其他劣化产物。

（3）在油中添加氧化剂（主要是使用 T501 抗氧化剂），提高油的氧化安定性。

（4）在油中添加静电抑制剂（主要使用 BTA），抑制或消除油中静电荷的积累。

129. 测定空气释放值的技术要点有哪些?

答:（1）通气过程中要保持空气温度偏差控制在试验温度的 ±5℃范围内。

（2）小密度计读数时，若有气泡附在杆上，避开气泡读数。

（3）水浴温度应控制在 50℃ ±1℃，密度计读数精确至 0.001g/cm^3，连续两次密度计上下移动静止后读数一致，开始注入空气。

（4）注入空气期间，密度计应放置 50℃左右环境内保温，空气压力应稳控在 19.6kPa。

130. 测定矿物油含量的技术要点有哪些？

答：（1）在试验前要在锥形瓶中加入瓷片，以防爆沸。

（2）回流至少 1h，直到回流液清亮为止。

（3）转移到分液漏斗后需将液体摇匀、静置，每隔 30s 放气一次。

（4）在放气时应将分液漏斗的口部对外侧，避免气体冲出伤及实验人员。

（5）蒸干盛有石油醚的烧杯应在通风橱中进行。

131. 测定破乳化度的技术要点有哪些？

答：（1）测试试管清洗（洗涤剂、铬酸、蒸馏水）至壁不挂水珠。

（2）油样应恒温至少 20min，水浴温度应稳定在 54℃ ±1℃。

（3）用竹镊子夹着蘸有石油醚的脱脂棉将搅拌桨擦净，风干。

（4）当乳化层界面不整齐时，应以平均值计。

（5）注意乳化层的分层情况，确定破乳化度时间。

（6）当破乳化时间在 0 ~ 10min 时，两次平行测定结果的差值不大于 1.5min；当破乳化时间在 11 ~ 30min 时，两次平行测定结果的差值不大于 3.0min。

132. 简述破乳化度结果的判定。

答：（1）当油、水分界面的乳化层体积减至不大于 3mL 时，即认为油、水分离，停止秒表计时即为该油样的破乳化时间。

（2）计时超过 30min，油、水分界面间的乳化层体积依然大于 3mL 时，则停止试验，该油的破乳化度时间记为 30min，记录此时油层、水层和乳化层的体积。

（3）没有明显的乳化层，只有完全分离的上下两层，则从停止搅拌到上层体积达到 43mL 时所需的时间即为该油样的破乳化度时间，上层认定为油层。

（4）没有明显的乳化层，只有完全分离的上下两层，从停止搅拌开始，计时超过30min，上层体积依然大于43mL，则停止试验，油品的破乳化时间记为大于30min，上层认定为乳化层，分别记录此时水层和乳化层的体积。

133. 简述测定绝缘油体积电阻率的意义。

答：（1）判断变压器绝缘性能的优劣。

（2）反应油的老化和受污染程度。

（3）间接推断绝缘油的介质损耗因数和击穿电压。

134. 测定油中水分的意义是什么？

答：油中水分不仅会占用油品的体积，影响油品的价格，消耗不必要的运输、存储设备的空间，还会影响油的电气性能、理化性能和设备的使用寿命。

变压器油和绝缘材料中含水量增加，直接导致绝缘性能下降并会促使油老化，影响设备运行的可靠性和使用寿命。

对于汽轮机润滑油系统，水分的存在不仅会造成油品变质（如添加剂析出）、油品乳化、设备腐蚀，还会引起润滑油膜变薄，加速运动部件的磨损。

水分会使抗燃油中的磷酸酯水解产生酸性物质，酸性产物有自催化作用，酸值升高导致设备腐蚀。

135. 阐述 SF_6 气体酸度试验的意义及原理。

答：意义：SF_6 气体中酸和酸性物质的存在对电气设备的金属部件和绝缘材料造成腐蚀，直接影响电气设备的机械、导电、绝缘性能，严重时会危及电气设备的安全运行。另外 SF_6 气体酸度的大小在一定程度上表征着 SF_6 气体的毒性大小和设备的健康状态，为了保证人身和电气设备的安全，需要对 SF_6 气体的酸度进行测定。

原理：将一定体积的 SF_6 气体以适当的流速通过盛有 NaOH 溶液的吸收装置，使气体中的酸和酸性物质被过量的 NaOH 溶液吸收，再用硫酸标准溶液滴定吸收液中过量的 NaOH 溶液，根据消耗硫酸标准溶液的体积计算出 SF_6 气体酸度。试验结果以 HF 的质量和 SF_6 气体的质量比表示（μg/g）。

136. 油泥析出进行定量分析时的注意事项有哪些？

答：（1）滤纸和称量瓶在烘箱中干燥后取出，放入干燥器中冷却至室温称重，精确到 0.0002g。

（2）油品与正戊烷要充分摇匀后进行过滤，并用正戊烷少量多次地洗涤滤纸直至滤纸无油迹。

（3）试验中要用约 50℃的甲苯—乙醇混合液溶解滤纸上的沉淀物，直至过滤液清亮，滤纸边缘无油泥痕迹。

（4）测试时应同时进行溶剂的空白试验。

137. SF_6 气体湿度监督应符合哪些要求？

答：（1）SF_6 气体的湿度检测应按照 DL/T 915《六氟化硫气体湿度测定法（电解法）》的要求执行。

（2）监督标准：有电弧分解物的气室湿度≤ 300μL/L；无电弧分解物的气室湿度≤ 500μL/L。

（3）SF_6 气体湿度超标的设备，应进行干燥、净化处理或检修更换吸附剂等工艺措施，直到合格，并做好记录。

（4）除异常时，充气后表压低于 0.35MPa，且用气量少的 SF_6 电气设备（如 35kV 以下的断路器），只要不漏气，交接时气体湿度合格，运行中可不检测气体湿度。

138. SF_6 气体泄漏监督应符合哪些要求？

答：（1）SF_6 气体泄漏检测可结合设备安装交接、预防性试验或大修进行。

（2）SF_6 气体泄漏检测应在设备充装 SF_6 气体 24h（或更长时间）后进行。

（3）设备运行中出现表压下降、低压报警时应分析原因，必要时应对设备进行全面泄漏检测，并进行有效处理。

（4）发现 SF_6 电气设备泄漏时应及时补气，所补气体应符合新气质量标准，补气时接头及管路应干燥。

139. SF_6 气体应如何规范净化处理？

答：（1）应按照净化处理设备使用规程对气体进行净化处理。

（2）净化处理后的气体应达到 GB/T 12022—2014 中新气质量的要求。

（3）SF_6 气体净化处理前应进行湿度、纯度、分解产物检测，根据 SF_6 气体的质量状况制定相应的气体净化方案和保障措施。

（4）SF_6 气体净化处理后的废气，应做无害化处理。

140. 色谱仪 TCD 基线不稳定（FID 稳定）应如何排查及处理？

答：（1）关桥流后看是否稳定，如稳定，说明热导池或气路部分有故障；如不稳定，说明电路或工作站有故障，可把两个信号通道调换一下。

（2）若判断是热导池或气路部分，同样可用干净气路管短路的方法缩小范围。

（3）若是电路部分，可测量热导池电阻是否平衡、热导池电压、桥流开关等。

141. 变压器油击穿电压测试前电极应如何检查及准备？

答：（1）用适当挥发性溶剂清洗电极各表面并晾干。

（2）用细磨粒、砂纸或细纱布磨光。

（3）磨光后，先用丙酮，再用石油醚清洗。

（4）将电极安装在试样杯中，装满清洁未用过的待测试样，升高电极电压至试样被击穿24次。

（5）调整电极间距离，应为2.5mm。

142. 色谱仪峰形畸变如何检查?

答:（1）流量或温度是否稳定：在流量波动太大或温度不稳定时，均会造成峰形畸变或基线不稳定现象。

（2）进样：如果进样时注射器有回弹现象或重复进针，也会造成峰形畸变现象。

（3）色谱柱污染：色谱柱污染包括受潮和进油污染。

143. 色谱仪出峰异常时应进行哪些常规检查?

答:（1）检查记录系统的信号传输是否正常。

（2）检查各路压力和流量。

（3）检查各路的温度是否正常。

（4）检查是否漏气或堵塞。

（5）检查标准气是否失效。

144. 色谱仪氢火焰离子化检测器不出峰（包括FID1和FID2），如何诊断和处理?

答:（1）检查两氢火焰是否点火成功。

（2）若通过验证点火失败，则要重新点火，如果仍点火失败则需检查氮气、氢气和空气压力表指示是否正常、助燃氢气是否打开以及点火源是否正常。

（3）如果是FID2不出峰，还要检查信号切换是否正常。

145. 库仑法水分仪使用过程中有哪些常见故障及措施?

答:（1）阳极电解液明显过碘，仍继续电解记数，应检查检测电极是否完全插入孔内，或检测电极是否断路或短路。

（2）仪器电解电流指示正常，计数器异常，应检查电解电极是否断路。

（3）两对电极均正常，但仪器持续电解记数，可能是电解池内部水分较多，应耐心等待。

（4）计数器的数据变换频繁，长时间无法平衡。主要是电解池各磨口处密封不严，空气湿度较大进入池内，或电解液使用时间较长已失效。可在各磨口处涂沫真空脂或更换电解液。

（5）如果因仪器使用时间较长或其他原因，阴极池严重污染、半透膜呈灰黑色、记数波动较大、仪器不稳，可拆下电极进行彻底清洗，干燥后可恢复正常测试。

（6）阴极电解液随着电解的进行颜色逐渐变深，甚至阴极干燥管中硅胶变黑。

146. 人体接触磷酸酯抗燃油后应采取哪些处理措施？

答：（1）误食处理：一旦吞进磷酸酯抗燃油，应立即采取措施将其呕吐出来，并及时就医诊治。

（2）误入眼内：立即用大量清水冲洗，再到医院治疗。

（3）皮肤沾染：用水、肥皂清洗干净。

（4）吸入蒸气：立即脱离污染气源，送往医院诊治。

147. 磷酸酯抗燃油如有泄漏迹象应采取哪些措施？

答：（1）消除泄漏点。

（2）采取包裹或涂敷措施，覆盖绝热层，消除多孔性表面，以免磷酸酯抗燃油渗入保温层中。

（3）将泄漏的磷酸酯抗燃油通过导流沟收集。

（4）如果磷酸酯抗燃油渗入保温层并着火，使用二氧化碳及干粉灭火器灭火，不宜用水灭火。

（5）磷酸酯抗燃油燃烧会产生有刺激性的气体，除产生二氧化碳、水蒸气外，还可能产生一氧化碳、五氧化二磷等有毒气体。现场应配备防毒面具，以防止吸入对身体有害的烟雾。

148. 对报废以及撒落的磷酸酯抗燃油应采用哪些方法处理?

答:（1）对于报废的磷酸酯抗燃油，一般处理方法有再生利用、返回制造厂回收或高温焚烧等，具体应经技术经济比较后选取适宜的处理方法。

（2）对于撒落的抗燃油应收集，如果难以收集，应用锯末或棉纱汲取收集，采取高温焚烧的措施处理。

149. 取色谱分析油样一般应注意什么?

答:（1）放尽取样阀中残存油。

（2）连接方式可靠，连接系统无漏油或漏气缺陷。

（3）取样前应将取样容器、连接系统中空气排尽。

（4）取样过程中，油样应平缓流入容器。

（5）对密封设备在负压状态取样时，应防止负压进气。

（6）取样过程中，不允许人为对注射器芯施加外力。

（7）从带电设备和高处取样，注意人身安全。

150. 影响油品氧化安定性试验的因素有哪些?

答:（1）温度的影响。

（2）氧气通入量的影响。

（3）金属催化剂的尺寸、大小、纯度及预处理的影响。

（4）所用仪器的清洁及干燥程度的影响。

151. 简述油中溶解气体、含气量、水分取样应采用的取样器及注意事项。

答: 油中溶解气体、含气量分析用 100mL 玻璃注射器取样；油中水分分析用 10mL 或 20mL 玻璃注射器取样。注射器应气密性好，注射器芯应无卡涩，可自由滑动，应装在避光、防振、防潮的专用盒内。取样注射器使用前，应依次用有机溶剂、自来水、蒸馏水洗净，在 105℃下充分干燥，或用吹风机热风干燥。干燥后，立即用小胶头封住头部，粘贴标签待用。

152. 采用 GB/T 28552—2012《变压器油、汽轮机油酸值测定法（BTB 法）》测试油品酸值的注意事项有哪些?

答:（1）所用无水乙醇应不含醛，因醛在稀碱溶液影响下，会发生缩合反应，随着时间的延长，会使氢氧化钾乙醇溶液变黄、变质，因此，含醛乙醇必须先除醛。

（2）如无水乙醇呈碱性反应，在做酸值时，煮沸后的无水乙醇加入碱兰 6B 指示剂后呈微红色，表明乙醇有酚酞碱度 (呈微碱性)。此时乙醇在使用之前应加几滴盐酸 (0.1mol/L) 中和其碱性，使乙醇变为微酸性后再使用。否则乙醇空白无法测出，导致酸值偏低。

（3）测定酸值时先排除二氧化碳对酸值的干扰。在室温下空气中二氧化碳极易溶于乙醇中（二氧化碳在乙醇中溶解度较在水中大三倍）。需要煮沸 5min，目的是萃取油中有机酸。

（4）滴定时必须趁热，避免二氧化碳溶于其中，每次滴定时，从停止回流至滴定完毕所用的时间不得超过 3min。

（5）加入指示剂量规定为 0.5mL，用量太多时，会造成结果偏大。因为指示剂是酸性有机化合物，会消耗碱，影响测定结果的准确度。

（6）酸值滴定至终点附近时，应缓慢加入碱液，在即将到达终点时，改为半滴滴加，以减少滴定误差。

（7）加热煮沸乙醇时，应注意温度不可过高。

（8）氢氧化钾乙醇溶液保存不宜过长，一般不超过三个月。当氢氧化钾乙醇溶液变黄或产生沉淀时，应对其清液进行标定。

153. 测定体积电阻率的注意事项有哪些？

答：（1）测试使用的油杯应专用，并清洗干净。

（2）抗燃油体积电阻率的测定应在20℃条件下，绝缘油应在90℃条件下。温度对测定结果的影响较大，必须将温度恒定在规定值。

（3）电场强度对体积电阻率有很大的影响，必须保证电场强度在规定值内。

（4）测定的油样应预先混合均匀，避免注入油杯的油有气泡。

（5）体积电阻率与施加电压的时间有关，应按规定时间进行施加。

154. 变压器油击穿电压测试注意事项有哪些？

答：（1）根据试验方法规定选用不同结构型式的电极，通常有球形电极、半球形电极和平板电极三种。球形电极测定结果最高，半球形电极其次，平板电极最低。

（2）电极间距离为2.5mm ± 0.05mm，用校规或标准卡尺校准。电极距离过小容易击穿，测定结果偏低；反之，测定结果偏大。

（3）试样要有代表性，油中有水分及其他杂质时对击穿电压有明显影响，试样一定要摇匀后注入油杯。

（4）试验数据分散性大，其原因是击穿过程的影响因素较多。因此，试验方法中规定取6次平均值作为试验结果。

155. 测试油品体积电阻率的影响因素有哪些？

答：（1）温度的影响。一般绝缘油的体积电阻率随温度的改变而变化，即温度升高，体积电阻率下降；反之，则增大。

（2）电场强度的影响。同一油品，电场强度不同，测得的体积电阻率也不同。

（3）施加电压的时间影响。施加电压的时间不同，测得的结果亦异，应按规定的时间进行加压。

（4）油杯的清洁程度对测定结果有显著影响，检测时油杯一定要清洗干净。

156. 油品机械杂质试验注意事项有哪些？

答：（1）称取试样前必须充分摇匀。

（2）所有溶剂在使用前应经过滤处理。

（3）所选用滤纸的疏密、厚薄以及溶剂的种类、数量最好是相同的。

（4）空滤纸不能和带沉淀物的滤纸在同一烘箱里一起干燥，以免空滤纸吸附溶剂及油类的蒸气，影响滤纸的恒重。

（5）到规定的冷却时间时，应立即迅速称量，以免长时间后，由于滤纸的吸湿作用，影响恒重。

（6）过滤的操作应严格遵照重量分析的有关规定。

（7）所用的溶剂应根据油品的具体情况及技术标准选用。否则，所测得结果无法比较。

157. 变压器油中气体组分含量试验注意事项有哪些？

答：由于振荡脱气法人工环节较多，因此为确保绝缘油中的溶解气体组分含量测试的准确性，需注意做好以下工作：

（1）气相色谱仪每两年应进行计量检定。

（2）每次试验都要使用有证标准浓度气体进行校核，校核的峰强度不应与前几次测试值有明显偏离，否则要查明原因。

（3）由于绝缘油中的溶解气体组分含量测试的准确性与玻璃注射器的气密性关系较大，因此，要确保所用的玻璃注射器气密性良好，刻度准确。刻度可用重量法进行校正（机械振荡法用100mL注射器，应校正40.0mL的刻度）。气密性检查可用玻璃注射器取可检测出氢气含量的油样，储存至少两周，在储存开始和结束时，分析样品中氢气含量，以检验注射器的气密性。合格的注射器，每周允许损失的氢气含量应小于2.5%。

（4）样品进样操作和标定时进样操作一致，做到“三快”、“三防”。进样气的重复性与标定一样，即重复二次或二次以上的平均偏差应在 1.5% 以内。

“三快”：进针要快、要准；推针要快（针头一插到底即快速推针进样）；取针要快（进完样后稍停顿一下立刻快速抽针）。

“三防”：①防漏出进样气（注射器要进行严密性检查，进样口硅橡胶垫勤更换；防止柱前压过大冲出注射器芯；防止注射器针头堵死）；②防进样气失真（不要在负压下抽取气样，以免带入空气；减少注射器死体积的影响，如用注射器定量卡子、用样气冲洗注射器、使用同一注射器进样等）；③防操作条件变化（温度、流量等运行条件稳定；标定与分析样品使用同一注射器、同一进样量、同一仪器信号衰减挡等）。

158. 油品运动黏度试验注意事项有哪些？

答：（1）为确保测试结果的准确性，用于测定黏度的秒表、毛细管黏度计和温度计都必须定期检定。

（2）黏度计选用应满足试样的流动时间一般不少于 200s，内径 0.4mm 的黏度计流动时间不少于 350s。

（3）试样中避免出现气泡。测黏度时试验中若存有气泡会影响装油的体积，而且进入毛细管后可能形成气塞，增大了液体流动的阻力，延长流动时间，导致测定结果偏高。

（4）试样含有水或机械杂质时，必须进行脱水和去除机械杂质，有杂质存在，会影响油品在黏度计内的正常流动，杂质黏附于毛细管内壁会使流动时间增大，测定结果偏高。有水分时，在高温下汽化，低温时凝结，均影响油品在黏度计内正常流动，使测定的结果准确性差。

（5）测定黏度时，要将黏度计调整成垂直状态。黏度计的毛细管倾斜，会改变液柱高度，从而改变了静压的大小，使测定结果产生误差。

（6）严格按规定恒温，是测定油品黏度的重要条件之一。液体油品的黏度随温度的升高而降低，随温度的下降而增大。极微小的温度波动（超过 ±0.10℃），也会导致测定结果产生较大误差。

159. 油品旋转氧弹法试验注意事项有哪些？

答：（1）氧弹要彻底清洗干净，否则会给试验结果带来误差。

（2）同一油品试验的两个氧弹的最高压力之差，不得大于35kPa（0.35bar 或 5.1psi），否则试验无效。

（3）在整个试验中，要使氧弹完全浸没并且连续而均匀的转动。要求转动速度为 100 r/min ± 5 r/min，任何转速的波动都会导致错误的结果。

（4）制备好的线圈可放入干燥器中备用，但放置时间不得超过24h，否则需重新处理。

160. 变压器油气体故障分析中运用改良三比值法的注意事项有哪些？

答：（1）只有在气体各组分含量或气体增长率超过注意值时，判断设备可能存在故障，才能进一步用三比值法判断其故障类型；对于气体含量正常的设备，比值没有意义。

（2）跟踪过程中应注意设备的结构与运行情况，尽量在相同的负荷和温度下，在相同的位置取样。

（3）特征气体的比值，应在故障下持续监视。如果故障产气过程停止或设备已停运多时，将会使组分比值发生某些变化而导致误判。

（4）若发现气体比值和以前不同，可能有新老故障叠加或新故障和正常老化的产气的叠加。为了得到新故障的比值，要从最后一次的分析结果中减去上一次的分析数据，重新计算比值。

（5）由于溶解气体分析本身存在试验误差，导致气体比值存在某些不确定性，应注意各种可能降低精确度的因素。

161. 进行油品的液相锈蚀测定注意事项有哪些？

答：（1）试棒可以重复使用，但其直径不得小于 9.5mm。

（2）用过的试棒，下次再使用时，一定要按要求重新处理。

（3）严格按试验条件进行，特别注意温度。

（4）未加防锈剂的油，可以不做液相锈蚀试验。

（5）要求进行试棒处理，处理后不得用手摸，或接触其他污物。

（6）搅拌器安装牢固，搅拌浆位置正确。

162. 使用磷酸酯抗燃油时的注意事项有哪些？

答：（1）工作时应穿防护工作服，戴手套和防护眼镜。

（2）在测闪点和自燃点时，应在通风柜中进行，避免吸入抗燃油的烟气。

（3）人体接触抗燃油后，若误食，应立即采取措施将其呕吐出来，然后送医院诊治；若误入眼中，立即用大量的清水冲洗，并送医院诊治；若皮肤沾染应立即用水、肥皂清洗干净。

163. 简述根据 GB/T 264—1983 测试酸值的注意事项。

答：（1）测定酸值时先排除二氧化碳对酸值的干扰。需煮沸 5min，去除油中的二氧化碳。

（2）滴定时必须趁热，避免二氧化碳溶于其中，在每次滴定时，从停止回流至滴定完毕所用的时间不得超过 3min。

（3）加入指示剂量规定为 0.5mL，用量不宜太多。指示剂是酸性有机化合物，会消耗碱，影响测定结果的准确度，会造成较大的误差。

（4）酸值滴定至终点附近时，应缓慢加入滴定液，在就要到达终点时，应改为半滴滴加，以减少滴定误差。

（5）氢氧化钾乙醇溶液保存不宜过长，一般不超过三个月。当氢氧化钾乙醇溶液变黄或产生沉淀时，应对其清液进行标定方可使用。

（6）对于颜色较深或酸值较大的油样，可以适当减少油样的称取量。

164. SF_6 气体检漏局部包扎法测量方法及注意事项有哪些？

答： 方法：试品的局部用塑料薄膜包扎，经过一定时间后，测定包扎腔内 SF_6 气体的浓度并通过计算确定年漏气率的方法。

注意事项：由于塑料薄膜对 SF_6 气体有吸附作用，以及包扎的气密性和包扎体积的测量误差，都会影响到年漏气率的准确计算。一般包扎前用吸尘器沿包扎面吸洗一次，包扎时间以 12 ~ 24h 为宜，同时应注意检测仪器调零时，环境的 SF_6 气体含量应小于检漏仪的最低检测量，以排除外界对包扎体的影响。

165. 露点法检测 SF_6 气体湿度的注意事项有哪些？

答：（1）测量管路和测量接头的要求。

1）测量管路用不锈钢管或聚四氟乙烯管，长度一般在 2m 左右，内径 2 ~ 3mm。不得使用乳胶管或橡皮管。

2）测量管路应无扭曲、弯折、漏气现象。

3）测量管路使用前应洗净，再吹干或烘干，平时应放置在干燥器中。

4）测量接头要求用金属材料，内垫用金属垫片或用聚四氟乙烯垫片。

（2）测量压力要求与大气压力相同，仪器测量室出气口直接与大气相通。在仪器允许的条件下也可以在设备压力下测量，但要求按照说明书操作。

（3）当测量结果接近设备中 SF_6 气体的水分允许含量标准的临界值时，至少应该复测一次。测量结果应折算到 20℃时的数值。

166. 采用真空过滤法处理变压器油的注意事项有哪些？

答：（1）用冷态机械过滤处理方式去除油泥和游离水分效果较好；

用热态真空处理去除溶解水和悬浮水的效果较好。

（2）油温应控制在 70℃以下，以防油质氧化或引起油中 T501 抗氧化剂和某些轻组分的损失。

（3）处理含有大量水分或固体物质的油时，在真空处理过程之前，应使用离心分离或机械过滤，能提高油的净化效率。

（4）对超高压设备的用油进行深度脱水和脱气时，采用二级真空滤油机，真空度应保持在 133 Pa 以下。

（5）在真空过滤过程中，应定期测定滤油机的进、出口油的含气量、水分含量或击穿电压，以监督滤油机的净化效果。

167. 变压器混油的注意事项有哪些？

答：（1）补充的油宜使用与原设备内同一牌号的油，以保证运行油的质量和原牌号油的技术特性。

（2）混合的两种油都添加了同一种抗氧化剂或都不含抗氧化剂。由于油中添加剂种类不同，混合后可能导致相互间发生化学变化而产生沉淀物等杂质。

（3）混合的两种油应保证质量良好，性能指标符合运行油质量标准的要求。

（4）若运行油有一项或多项指标接近运行油质量控制标准的极限值时，尤其是能反映油品老化性能的酸值、水溶性酸（pH 值）、界面张力等项目，要补充新油进行混合时，须先经过白土法或其他方法处理，并进行混油试验，以确定混合油的性能是否满足需要。

（5）如果运行油的质量有一项或多项指标已不符合运行油质量控制标准时，则应进行净化或再生处理后，才能考虑混油的问题，严禁利用直接补充新油来提高运行油的质量水平。

168. 色谱仪标定的注意事项有哪些？

答：（1）确保标准气的使用期在有效期内。

（2）标定仪器应在仪器运行工况稳定且相同的条件下进行，两次标定的重复性应在其平均值的 ±1.5%以内。

（3）要使用标准气对仪器进行标定，注意标准气要用进样注射器直接从标气瓶中取气，而不能使用从标准气瓶中转移出的标准气标定，否则影响标定结果。

169. 色谱仪进样操作的注意事项有哪些?

答:（1）进样操作前，应观察仪器稳定状态，只有仪器稳定后，才能进行进样操作。

（2）进样前，要反复抽推注射器，用空气冲洗注射器，然后再用样品气冲洗，以保证进样的真实性，以防止标准气或其他样品气污染注射器，造成定量计算误差。

（3）样品分析应与仪器标定使用同一支进样注射器，取相同进样体积。

（4）进样前，检验密封性能，保证进样注射器和针头密封性，密封不好的应更换针头或注射器。

170. 气相色谱仪氢火焰离子化检测器（FID）使用维护注意事项有哪些?

答:（1）离子头、收集极对地绝缘要好。

（2）离子头必须洁净，不得沾染有机物，必要时，可用苯、酒精和蒸馏水依次擦洗干净。

（3）使用的气体必须净化，管道也必须干净，否则会引起基流增大，灵敏度降低。

（4）样品水分太多或进样量过大时，会使火焰温度下降影响灵敏度，甚至会使火焰熄灭，所以应控制样品中的水分和进样量。

（5）FID 系统停机时，应先关空气熄火，然后再降温，最后关载气和氢气。如果在 FID 温度低于 100℃时就点火，或关机时不先熄火后降温，则容易造成 FID 收集极积水而绝缘下降，会造成基线不稳。

（6）FID 长期不使用，在重新操作之前，应在 150℃下烘烤 2h。

171. 色谱柱应如何维护?

答:（1）工作时加强仪器的维护。在测试油样脱出的气体时，多取些样品气后针头向下推至需要的值，用吸油性强的纸吸去针头内外的油，再进样。

（2）及时清洗进样口，正常一个月清洗一次，如测试工作量大，应一个星期清洗一次。清洗方法：拧下进样口散热帽，用镊子取出衬管，用丙酮冲洗净内部的油污，后用蒸馏水冲洗至中性、烘干，装回进样口。

（3）选择合适的柱长和适宜的担体，以加强色谱柱的抗污染能力。

172. 运动黏度测定仪的维护及注意事项有哪些?

答:（1）水浴中未注入蒸馏水时，严禁进入测试状态，以免烧坏电热管。

（2）毛细管黏度计在清洗过程中，轻拿轻放，以免破碎。

（3）恒温浴中所用水必须为蒸馏水，如果长时间使用造成水变浑浊，则须及时更换。

（4）在测定试样的黏度之前，黏度计应用溶剂油或石油醚洗涤干净，如黏度计沾有污垢，用铬酸洗液、水、蒸馏水或 95% 乙醇依次洗涤，宜在常温下进行吹干；

（5）恒温水浴的温度每年必须进行校准，毛细管黏度计每年必须进行检定。

173. 电气设备解体时 SF_6 气体应采取哪些防护及管理措施?

答:（1）设备解体前需对气体全面分析，以确定其有害成分含量，制定防毒措施。通过气体回收装置将 SF_6 气体全部回收。

（2）工作人员在处理使用过的 SF_6 气体时，应配备安全防护用具（手套、防护眼镜、防护服和专用防毒呼吸器）。

（3）从事处理使用过的 SF_6 气体的工作人员应熟悉 SF_6 气体分解产物的性质，了解其对健康的危害性，并经过专门的安全培训。

（4）处理 SF_6 气体时，应当明示工作场所注意事项，如禁火、禁烟、禁止高于 200℃的加热和无专门预防措施的焊接。

174. SF_6 气瓶应如何进行管理？

答：（1）使用 SF_6 气体的部门对 SF_6 气体质量应参照 GB/T 12022—2014 进行验收。

（2）SF_6 气瓶在存放时要有防晒、防潮的遮盖措施。储存气瓶的场所应宽敞，通风良好，且不准靠近热源及有油污的地方。

（3）气瓶安全帽、防振圈应齐全，气瓶应分类存放、注明明显标志，应竖放固定气瓶，标志向外，运输时可卧放。

（4）使用后的 SF_6 气瓶应留存余气，关紧阀门，盖紧瓶帽。

175. 为延长运行中变压器油的寿命，应采取哪些防劣措施？

答：（1）在油中添加抗氧化剂（如 T501 抗氧化剂），以提高油的氧化安定性。

（2）安装油连续再生装置即净油器，以清除油中存在的水分、游离碳和其他老化产物。

（3）安装油保护装置（包括呼吸器和密封式储油柜），以防止水分、氧气和其他杂质的侵入。

176. 风力发电机用齿轮油试运行期间的油质监督工作内容有哪些？

答：（1）试运行 240h，进行首次油质检测。

（2）检测比例按照不同风力发电机组机型的 10% 抽样，抽样比例不应低于 10%。

（3）油质检测项目应根据 DL/T 1461—2015 要求开展运动黏度、颗粒污染度、酸值增加值、水分、光谱元素分析项目检测。

（4）对于油质检测存在不合格项目的齿轮箱，应由风机厂商、安装单位和风力发电场进行原因分析并制定措施，进行处理，直至再次检测油质合格，才能进行机组的移交。

177. 新投运变压器油应如何监督？

答： 新投运或大修后 66kV 及以上的变压器至少应在投运后 1 天、4 天、10 天、30 天各做一次油中气体组分检测。新投运或大修后 66kV 及以上的互感器，宜在投运后 3 个月内进行一次检测。制造厂规定不取样的全密封互感器可不做检测。

178. 新汽轮机油验收时应检测哪些项目？

答： 检验项目至少包括：外观、色度、运动黏度、黏度指数、倾点、密度、闪点、酸值、水分、泡沫特性、空气释放值、铜片腐蚀、液相锈蚀、抗乳化性、旋转氧弹和清洁度（颗粒污染度）。同时应向油品供应商索取氧化安定性、承载能力及过滤性的检测结果，并确保符合 GB 11120—2011 要求。

179. 新机组投运前 24h 前应开展哪些汽轮机油检测项目？

答：（1）当新油注入设备后，应在油系统内进行油循环冲洗，并外加过滤装置，过程中取样测试颗粒污染度，至结果达到 SAE AS4059F 标准中 7 级或设备制造厂的要求，方能停止油系统的连续循环，同时取样进行油质全分析试验，试验结果应符合 GB/T 14541—2017 要求。

（2）新机组投运 24h 后，应检测油品外观、色度、颗粒污染等级、水分、泡沫特性及抗乳化性。

180. 汽轮机油应如何开展补油和混油?

答:（1）需要补充油时，应补加经检验合格与原设备中相同黏度等级、同一添加剂类型的涡轮机油。补油前应对运行油、补充油和混合油样进行油泥析出试验，混合油无油泥析出或混合油样的油泥不多于运行油的油泥方可补加。

（2）不同品牌、不同质量等级或不同添加剂类型的涡轮机油不宜混用。当不得不补加时，应满足下列条件才能混用：

1）应对运行油、补充油和混合油进行质量全分析，试验结果合格，混合油样的质量不低于未混合油中质量最差的一种油。

2）应对运行油、补充油和混合油样进行开口杯老化试验，混合油样无油泥析出或混合油样的油泥不多于运行油的油泥，酸值不高于未混合油中质量最差的一种油。

181. 汽轮机油库存油应如何管理?

答:（1）经验收合格的油入库前须经过滤净化合格后方可注入备用油罐，库存备用的新油与合格的油应分类、分牌号存放并挂牌、建账。

（2）向倒油罐、倒桶以及存油容器装入新油前后，应进行油质检验，做好记录，以防油错混与污染。长期存储的备用油，应定期（一般每年）检验外观、水分及酸值，以保证油质处于合格备用状态。

（3）油桶、油罐、管线、油泵及计量、取样工具等应保持清洁，若发现内部积水、脏污、锈蚀以及接触过不同油品或不合格油时，应及时清除或清洗干净。

（4）定期检测管线、阀门开关情况，污油、废油应用专门容器盛装并单独存放。

（5）油桶应严密上盖，油罐装有呼吸器并应经常检查和更换吸潮剂。

182. SF_6 电气设备解体时的安全防护管理措施有哪些?

答:（1）设备解体后，检修人员应立即离开作业现场到空气新鲜的地方，工作现场需要强力通风，以清理残余气体，至少通风 30 ~ 60min 后再进行工作。

（2）检修人员与分解气体和粉尘接触时，应穿耐酸原料的衣裤相连的工作服，戴塑料式软胶手套和专用的防毒呼吸器。操作人员工作完毕后，应彻底清洗全身。

（3）解体检修中使用的下列物品应作有毒废物处理，如吸尘器的过滤纸袋、抹布、防毒面具中的吸附剂、气体回收装置中使用过的活性氧化铝或分子筛、设备中取出的吸附剂、严重污染的工作服等。处理方法是将废物装入双层塑料袋中，再放入金属桶内密封埋入地下或用苏打粉与废物混合后再注水，放置 48h 后（容器敞开口），可作普通垃圾处理。防毒面具、塑料手套、橡皮靴及其他防护用品必须用肥皂洗涤后晾干备用。

183. 简述抗燃油酸值超标的原因。

答: 新油的酸值与不完全酯化产物的量有关，具有酸的作用，微溶解于水。磷酸酯液压油酸值的增加，主要来自其劣化（水解降解）产物。当劣化产物多至一定程度时，不仅对金属有一定的腐蚀性，还能加速磷酸酯的水解，缩短油的寿命，故酸值越小越好。

184. 汽轮机油破乳化度超标的原因及处理措施有哪些?

答: 汽轮机油的乳化现象，是目前电厂中运行汽轮机油普遍存在的问题。引起汽轮机油乳化的因素主要有三个：①汽轮机油中存在乳化剂，即新油带来的残留天然乳化物和运行油老化产生的低分子环烷酸皂、胶质等乳化物；②汽轮机油系统中含有水分，来源于机组在运行中的漏水、漏汽；③汽轮机油运行中循环搅拌作用。因此，解决汽轮机油乳化问题的最根本方法是消除运行机组的漏水、漏汽缺陷，减少汽轮机油中的乳化产物。向汽轮机油中添加破乳化剂，只是一种暂时的解决办法，难以从根本上解决汽轮机油的乳化问题。

满足汽轮机油要求起破乳化作用的表面活性剂种类较少，一般破乳化剂应具备以下特性：不需有机助溶剂可直接溶于油中，具有良好的化学稳定性、氧化安定性和显著的破乳化效果，且难溶于水。

185. 简述天然气体积发热量的含义。

答： 体积发热量是天然气的一个重要的参数。高位发热量是指规定量的气体在空气中完全燃烧时所释放出的热量。在燃烧反应发生时，压力 p_1 保持恒定，所有燃烧产物的温度降至与规定的反应物温度 t_1 相同的温度，除燃烧中生成的水在温度 t_1 下全部冷凝为液态外，其余所有燃烧产物均为气态。低位发热量是指规定量的气体在空气中完全燃烧时所释放出的热量，在燃烧反应发生时，压力 p_1 保持恒定，所有燃烧产物的温度降至与指定的反应物温度 t_1 相同的温度，所有的燃烧产物均为气态。

186. 利用高效液相色谱法测试糠醛含量的要点有哪些？

答：（1）用新变压器油配制标准样品，在高效液相色谱仪中，新变压器油在糠醛保留时间处应无响应信号。

（2）储备溶液和标准溶液应避光保存于棕色瓶中，储备溶液有效期为 3 个月，如保存不当，标准溶液易变质，应采用新近配制的标准溶液。

（3）紫外检测器的检测波长应设置为 274nm。

（4）启动高压泵前，应先对流动相进行超声波脱气，再排出连接泵和流动相软管中的气泡，避免气泡进入高压泵中。启动高压泵后，试验过程中需避免流动相中产生气泡。

（5）流动相的过滤器被污染，试验过程中容易产生气泡，应定期将流动相的过滤器依次浸入甲醇、20% 硝酸溶液、蒸馏水中分别超声清洗 20min，保持其表面清洁。

（6）进样时，注射器中不能含有气泡。

（7）待测油样在糠醛保留时间处有干扰峰，应改变流动相甲醇和水的比例，重新测试标准样品和测试样品，消除干扰峰对测试结果的影响。